U0175882

中国海洋经济统计年鉴

CHINA MARINE ECONOMIC STATISTICAL YEARBOOK

2019

自 然 资 源 部　编

Edited by
Ministry of Natural Resources of the
People's Republic of China

海洋出版社

China Ocean Press

图书在版编目(CIP)数据

中国海洋经济统计年鉴.2019:汉、英/自然资源部编.—
北京:海洋出版社,2021.5
ISBN 978-7-5210-0759-6

Ⅰ.①中… Ⅱ.①自… Ⅲ.①海洋经济-统计资料-
中国-2019-年鉴-汉、英 Ⅳ.①P74-54

中国版本图书馆CIP数据核字(2021)第080385号

中国海洋经济统计年鉴2019
ZHONGGUO HAIYANG JINGJI TONGJI NIANJIAN 2019

责任编辑:王　溪
责任印制:安　森
海洋出版社　出版发行
http://www.oceanpress.com.cn
北京市海淀区大慧寺路8号　邮编:100081
中煤(北京)印务有限公司印刷　新华书店北京发行所经销
2021年5月第1版　2021年5月第1次印刷
开本:787mm×1092mm　1/16　印张:17.5
字数:430千字　定价:168.00元
发行部:62100090　邮购部:62100072　总编室:62100034

《中国海洋经济统计年鉴》编委会

秦海岩　　中国可再生能源学会风能专业委员会
马爱国　　国家林业和草原局
秦绪文　　中国地质调查局
高明兴　　天津市规划和自然资源局
张淑云　　河北省自然资源厅（海洋局）
李志军　　辽宁省自然资源厅
阮仁良　　上海市海洋局
王辽宁　　江苏省自然资源厅
马　奇　　浙江省自然资源厅
邱章泉　　福建省海洋与渔业局
宋继宝　　山东省海洋局
屈家树　　广东省自然资源厅
蒋和生　　广西壮族自治区海洋局
彭斌庆　　海南省自然资源和规划厅
刘东立　　大连市自然资源局
戚春良　　宁波市自然资源和规划局
曾东生　　厦门市海洋发展局
孙云潭　　青岛市海洋发展局
李喻春　　深圳市海洋与渔业局

《中国海洋经济统计年鉴》编辑部

主　任：

何广顺　　国家海洋信息中心

副主任：

沈　君　　自然资源部海洋战略规划与经济司

崔晓健　　国家海洋信息中心

冯　磊　　自然资源部海洋战略规划与经济司经济运行处

段晓峰　　国家海洋信息中心海洋经济研究室

成　员：

宋维玲　张潇娴　杨　洋　彭　星　王　悦　赵景丽

徐莹莹　丁仕伟　周洪军　李琳琳　赵心宇　付瑞全

郑　莉　（国家海洋信息中心）

苗　强　张　伦　高争气　邢建勇　顾　纳　（自然资源部）

特邀编辑：

李燕丽　　教育部

秦浩源　　科学技术部

韩文亚　　生态环境部

郑文英　　交通运输部

吴梦莹　　水利部

高宏泉　　全国水产技术推广总站、中国水产学会

戴　斌　　中国旅游研究院（文化和旅游部数据中心）

钱　琦　　中国地震局

崔胜先　　中国科学院

陈艳艳　　中国气象局

张燕宁　　中国船舶工业集团有限公司

徐　婧　　中国船舶重工集团有限公司

肖　勇　　中国石油天然气集团有限公司

孙　艳　　中国石油化工集团有限公司

Editorial Board of China Marine Economic Statistical Yearbook

Qin Haiyan	Chinese Wind Energy Association
Ma Aiguo	National Forestry and Grassland Administration
Qin Xuwen	China Geological Survey
Gao Mingxing	Tianjin Municipal Bureau of Planning and Natural Resources
Zhang Shuyun	Department of Natural Resources of Hebei Province (Oceanic Administration)
Li Zhijun	Department of Natural Resources of Liaoning Province
Ruan Renliang	Shanghai Oceanic Administration
Wang Liaoning	Jiangsu Provincial Department of Natural Resources
Ma Qi	Department of Natural Resources of Zhejiang Province
Qiu Zhangquan	Fujian Provincial Department of Ocean and Fisheries
Song Jibao	Oceanic Administration of Shandong Province
Qu Jiashu	Department of Natural Resources of Guangdong Province
Jiang Hesheng	Oceanic Administration of Guangxi Zhuang Autonomous Region
Peng Binqing	Department of Natural Resources and Planning of Hainan Province
Liu Dongli	Dalian Bureau of Natural Resources
Qi Chunliang	Ningbo Bureau of Natural Resources and Planning
Zeng Dongsheng	Xiamen Municipal Bureau of Ocean Development
Sun Yuntan	Qingdao Municipal Marine Development Bureau
Li Yuchun	Shenzhen Ocean and Fishery Bureau

Editorial Department of
China Marine Economic Statistical Yearbook

Hao Jinghui	China National Offshore Oil Corporation
He Jieying	Chinese Wind Energy Association
Zheng Yiming	China Association of the National Shipbuilding Industry
Liu Jianjie	National Forestry and Grassland Administration
Shi Xianyao	China Geological Survey
Yang Jinlu	Tianjin Municipal Bureau of Planning and Natural Resources
Xu Ping	Department of Natural Resources of Hebei Province (Oceanic Administration)
Huang Miao	Hebei Natural Resources Utilization Planning Institute
Wei Nan	Department of Natural Resources of Liaoning Province
Nie Hongpeng	Marine Economic Monitoring and Evaluation Technology Center of Liaoning Province
Chen Weiguo	Shanghai Oceanic Administration
Zhang Cheng	Shanghai Municipal Maritime Affairs Administration
Wang Junbai	Jiangsu Provincial Department of Natural Resources
Gu Yunjuan	Jiangsu Marine Economic Monitoring and Evaluation Center
Shao Kangxing	Department of Natural Resources of Zhejiang Province
Geng Laiqiang	Fujian Provincial Department of Ocean and Fisheries
Ou Huaqi	Fujian Marine Economic Operation Monitoring and Evaluation Center
Wang Jin	Oceanic Administration of Shandong Province
Hu Chunlei	Department of Natural Resources of Guangdong Province
Yuan Feng	Guangdong Ocean Development Planning and Research Center
Li Ting	Oceanic Administration of Guangxi Zhuang Autonomous Region
Wu Erjiang	Institute of Economics, Academy of Oceanography of Guangxi Zhuang Autonomous Region
Cui Linpeng	Department of Natural Resources and Planning of Hainan Province
Qi Haoran	Dalian Bureau of Natural Resources
Zhu Zhihai	Ningbo Bureau of Natural Resources and Planning
Lin Ruicai	Xiamen Municipal Bureau of Ocean Development
Xu Lu	Qingdao Municipal Marine Development Bureau
Kong Xiangqin	Ocean Monitoring and Forecasting Center of Shenzhen

Executive Editor:

Zhang Xiaoxian

English Proof-reader:

Lin Baofa

编者说明

一、《中国海洋经济统计年鉴2019》系统收录了全国和沿海区域2018年开发、利用和保护海洋的各类产业活动，以及与之相关联的活动的统计数据和社会经济概况数据，是一部全面反映中国海洋经济发展有关情况的资料性年鉴，全书为中英文对照。

二、本年鉴所涉及的沿海区域包括沿海地区、沿海城市和沿海地带，按《沿海行政区域分类与代码》(HY/T 094—2006)的顺序排列。

三、本年鉴内容包括综合资料、海洋经济核算、主要海洋产业活动、主要海洋产业生产能力、海洋科学技术、海洋教育、海洋生态环境与防灾减灾、海洋行政管理及公益服务、全国及沿海社会经济、部分世界海洋经济统计资料十部分。在《中国海洋经济统计年鉴2018》的基础上，依据有关专业部门意见，本年鉴主要做如下调整：在“主要海洋产业活动”部分，删除了“沿海地区水路国际标准集装箱运量”；在“主要海洋产业生产能力”部分，删除了“沿海地区渔港情况”和“海洋油气生产井情况”；“海洋科学技术”部分的指标更换为着重反映自主创新能力的研究与试验发展（R&D）的相关指标。在“世界海洋经济统计资料”部分，删除了“主要沿海国家（地区）海岸线长度”。

四、本年鉴根据《海洋统计报表制度》（国统制〔2017〕120号）和《海洋生产总值核算制度》（国统制〔2019〕13号），资料主要来源于沿海省（自治区、直辖市）统计局、自然资源（海洋）主管部门以及有关涉海部、局、集团公司和行业协会。

五、本年鉴中除特殊说明外，所有价值量指标均为当年价，年鉴中每部分附有主要统计指标解释，对指标的含义、统计范围和统计方法做了简要说明。统计数据中的其他说明置于表的下方。有续表的资料，如有注释均置于第一张表的下方。

六、本年鉴中涉及的历史数据，均以本年鉴出版的最新数据为准；本年鉴中部分数据合计数或相对数由于单位取舍不同而产生的计算误差，均未做机械调整。

七、本年鉴表格中符号使用说明："空格"表示该项统计指标数据不详或无该项数据；"#"表示其中的主要项；其他符号如"*"或"①"等表示本表后面有注释。

八、本年鉴资料国内部分未包括香港特别行政区、澳门特别行政区和台湾省数据。

九、《中国海洋经济统计年鉴》在编撰过程中，得到了各有关单位的大力支持，在此表示衷心的感谢。本年鉴中如有疏漏和不妥之处，敬请读者批评指正。

《中国海洋经济统计年鉴》编辑部

Editor's Notes

I. The *China Marine Economic Statistical Yearbook (2019)*, which has systematically included the statistical data on the national and coastal area's various industrial activities of developing, utilizing and protecting the ocean and the activities related thereto, as well as the data on the general situation of society and economy in 2018, is a data almanac reflecting in an all-round way China's marine economic development, and it is a Chinese-English bilingual edition.

II. The coastal areas covered by the Yearbook are the coastal regions, coastal cities and coastal zones, which are arranged in order according to the *Coastal Administrative Areas Classification and Codes* (HY/T 094—2006).

III. The data in the Yearbook consist of 10 sections, namely, integrated data, marine economic accounting, major marine industrial activities, production capacity of major marine industries, marine science and technology, marine education, marine ecological environment and disaster mitigation, marine administration and public-good service, national and coastal socioeconomy, and part of the world's marine economic statistics data. On the basis of the *China Marine Economic Statistical Yearbook (2018)* and according to the opinions of the related professional departments, adjustments are made in this Yearbook as follows: In the section of Major Marine Industries Activities, the part of "Volume of International Standardized Container Water Traffic by Coastal Regions" are deleted; In the section of Production Capacity of Major Marine Industries, the parts of "Fishing Ports in the Coastal Regions" and "Survey of Offshore Oil and Gas Production Wells" are deleted; The indicators in the Section of Marine Science and Technology are changed to the R&D related indicators reflecting the ability of independent innovation; and in the section of World's Marine Economic Statistics Data, the part of "Length of Coastline of Major Coastal Countries (Area)" is deleted.

IV. The Yearbook is based on the *Marine Statistics Report System* (Guotongzhi 〔2017〕No.120) and the *Ocean Gross Product Accounting System* (Guotongzhi 〔2019〕 No. 13), and its data mainly come from the statistical bureaus and departments in charge of natural resources (marine affairs) of the coastal provinces, autonomous regions, and municipalities directly under the Central Government as well as the ocean-related ministries, bureaus, group corporations and industry associations concerned.

V. Unless otherwise specified in the Yearbook, all the value indicators are given at the current price. Each section is attached by explanatory notes to the major marine statistical indicators, giving a brief explanation of the meaning, statistical range and statistical methods of the indicators. Other notes to the statistical data are listed below the tables. For the data with continued tables, annotations, if any, are put below the first table.

VI. All the historical data covered in the Yearbook are subject to the latest data published in the Yearbook; For part of the data in the Yearbook, the calculation errors on totals or relative figures due to the difference in the unit trade-offs have not been adjusted.

VII. The usage of symbols in the tables: "Blank" indicates that the data of the statistical index are unknown for the time being or that there are no such data available; "#" indicates the major items of the table; Other symbols, such as "*" or "①", indicate "see footnotes below".

VIII. The domestic part of the Yearbook does not include the data from Hong Kong Special Administrative Region, Macau Special Administrative Region and Taiwan Province.

IX. In the course of editing the *China Marine Economic Statistical Yearbook*, we enjoyed energetic support from the various departments concerned and we hereby extend our heartfelt thanks to them. Criticisms and comments are welcome from readers on the oversights and inappropriateness, if any, in the Yearbook.

Editorial Department of the
China Marine Economic Statistical Yearbook

目　次
CONTENTS

3 主要海洋产业活动

Major Marine Industrial Activities

4 主要海洋产业生产能力

Production Capacity of Major Marine Industries

5 海洋科学技术

Marine Science and Technology

7　海洋生态环境与防灾减灾

Marine Ecological Environmental and Disaster Mitigation

8　海洋行政管理及公益服务

Marine Administration and Public-Good Service

9 全国及沿海社会经济

National and Coastal Socioeconomy

2018 年我国海洋经济发展综述

2018 年，在习近平新时代中国特色社会主义思想的指导下，各地各部门全面贯彻落实党的十九大和十九届二中、三中全会精神，紧紧围绕党中央关于加快建设海洋强国的战略部署，深化供给侧结构性改革，海洋经济呈现总体平稳的发展态势。

一、全国海洋经济发展情况

2018年，全国海洋生产总值83414.8亿元[①]，比上年增长6.7%（除特殊注明除外，增长率均按可比价计算），海洋生产总值占国内生产总值的9.3%，占沿海地区生产总值的16.8%。

二、主要海洋产业发展情况

2018年，我国海洋产业继续保持稳步增长。主要海洋产业实现增加值33609.2亿元，比上年增长4.0%，占海洋生产总值的40.3%，滨海旅游业和海洋交通运输业仍占主导地位。

海洋第一产业　2018年，海洋渔业养捕结构持续优化，发展实现量减质增，全年实现增加值4800.6亿元，比上年减少0.2%。海洋水产品产量3301.4万吨，比上年减少0.6%。其中，海水养殖产量不断增加，达到2031.2万吨，比上年增长1.5%；海洋捕捞产量继续减少，为1044.5万吨，比上年减少6.1%；远洋渔业产量不断取得新高，为225.7万吨，比上年增长8.2%。远洋渔船数量达到2654艘，比上年增长6.5%；总功率达到

[①] 数据为初步核算数据。

274.0万千瓦，比上年增长7.4%。

海洋第二产业　2018年，受国内天然气需求增加影响，海洋天然气产量再创新高，达到153.8亿立方米，比上年增长10.2%；海洋原油产量4807.0万吨，比上年下降1.6%。海洋油气业全年实现增加值1476.5亿元，比上年增长3.3%。海洋矿业发展保持稳定，全年实现增加值70.5亿元，比上年增长0.5%。盐业市场延续疲态，全年实现增加值38.6亿元，比上年下降16.6%。海洋化工业发展平稳，全年实现增加值1119.0亿元，比上年增长3.1%。海洋生物医药研发不断取得新突破，引领产业稳步前行，全年实现增加值413.4亿元，比上年增长9.6%。海上风电装机规模不断扩大，海洋电力业发展势头强劲，2018年新增海上风电装机容量达到174万千瓦，同比增长49.9%，全年实现增加值172.0亿元，比上年增长12.8%。海水利用业发展较快，产业标准化、国际化步伐逐步加快，全年实现增加值17.1亿元，比上年增长7.9%。受国际航运市场需求减弱和航运能力过剩的影响，造船完工量显著减少，海洋船舶工业面临较为严峻的形势，全年实现增加值996.6亿元，比上年下降9.8%。海洋工程建筑业下行压力加大，全年实现增加值1905.3亿元，比上年下降3.8%。

海洋第三产业　2018年，海洋交通运输业发展保持稳定，全年实现增加值6521.5亿元，比上年增长5.5%。海洋运输服务能力不断提高，沿海规模以上港口完成货物吞吐量94.6亿吨，比上年增长4.5%；国际标准集装箱吞吐量2.2亿标准箱，比上年增长5.2%。滨海旅游业继续保持较快发展，仍是海洋经济增长的最大拉动力，全年实现增加值16078.2亿元，比上年增长8.3%，对海洋经济增长的贡献达到23.5%。

三、区域海洋经济发展情况

2018年，北部、东部和南部海洋经济圈海洋经济继续保持平稳发展态势，北部海洋经济圈占全国海洋生产总值的比重略有下降，为31.4%，东部和南部海洋经济圈占比略有上升，分别为29.1%和39.5%。

北部海洋经济圈海洋生产总值26219.2亿元，比上年名义增长7.0%，占地区生产总值的比重为16.7%。海洋产业增加值16425.3亿元，海洋相关产业增加值9793.9亿元。滨海旅游业、海洋交通运输业、海洋渔业和海洋油气业四个产业增加值位居前列，其增加值之和占该地区主要海洋产业增加值的88.3%。

东部海洋经济圈海洋生产总值24261.2亿元，比上年名义增长8.0%，占地区生产总值的比重为13.4%。海洋产业增加值15257.4亿元，海洋相关产业增加值9003.8亿元。滨海旅游业、海洋交通运输业、海洋渔业和海洋船舶工业四个产业增加值位居前列，其增加值之和占该地区主要海洋产业增加值的91.5%。

南部海洋经济圈海洋生产总值32934.4亿元，比上年名义增长10.6%，占地区生产总值的比重为20.8%。海洋产业增加值21282.8亿元，海洋相关产业增加值11651.6亿元。滨海旅游业、海洋渔业、海洋交通运输业和海洋工程建筑业四个产业增加值位居前列，其增加值之和占该地区主要海洋产业增加值的88.0%。

四、科技教育

2018年，海洋科研教育继续保持稳步发展，统计的海洋科研机构共176个，从业人员37578人，海洋科研机构承担课题17526项，发表海洋科技论文18882篇，出版海洋科技著作409种，专利授权数3720件，其中发明专利2120件，有效发明专利总数18792件。开设海洋专业的高等院校达598个，专任教师数508727人。高等教育和中等职业教育海洋专业毕业生数分别为86720人和11092人；招生人数分别为82482人和15042人；在校人数分别为270307人和33266人。

五、海洋生态环境与防灾减灾

2018 年，我国海水环境质量总体有所改善。夏季，我国管辖海域劣于第四类海水水质标准的海域面积分别为 33270 平方千米，实施监测的河口、海湾、滩涂湿地、珊瑚礁、红树林和海草床等海洋生态系统中，处于健康、亚健康和不健康状态的海洋生态系统分别占 23.8％、71.4％和 4.8％。我国各类海洋灾害共造成直接经济损失 47.8 亿元。其中，风暴潮灾害造成直接经济损失 44.6 亿元，占总直接经济损失的 93.3％。最大面积超过 100 平方千米（含）的赤潮过程共 4 次。

六、海洋行政管理与公益服务

2018 年，行政管理工作扎实推进，各项海洋工作取得明显成效。全年新增宗海数量 1237 宗，新增宗海面积 104873.5 公顷；全年提供海洋数值预报服务（国家级）共 7598 次，各项海洋观测数据获得量共 83670.0 MB，开展海洋调查项目 412 个；全年共有 50 项国家标准和 312 项行业标准通过立项审查，出版国家标准 10 项，行业标准 50 项。

Summary of China's Marine Economic Development in 2018

In 2018, guided by Xi Jinping Thought on Socialism with Chinese Characteristics for a New Era, all localities and departments comprehensively implemented the spirit of the 19th CPC National Congress and the second and third plenary sessions of the 19th CPC Central Committee, closely focused on the strategic deployment of the CPC Central Committee to speed up the construction of a maritime power and deepened the structural reform of the supply side so that marine economy presented an overall stable development posture.

I. Survey of the National Marine Economic Development

In 2018, the national Gross Ocean Product amounted to 8341.48 billion yuan[①], 6.7% up from the previous year (unless otherwise specified, the growth rate is all calculated at the comparable price), accounting for 9.3% the national GDP and 16.8% of the Gross Coastal Product.

II. Development of Major Marine Industries

In 2018, China's marine industry continued to keep a steady growth. The major marine industries effected a value added of 3360.92 billion yuan, 4.0% up from the previous year, accounting for 40.3% of the Gross Ocean

[①] The data are the preliminary accounting data.

Product, in which coastal tourism and marine communications, and transport still occupied the leading position.

Primary marine industry

In 2018, the structure of marine fishing and culture continued to be optimized, the development of marine fishery realized quantity decrease and quality increase and a full-year added value of 480.06 billion yuan was accomplished, 0.2% down from the previous year. The yield of marine aquatic products amounted to 33.014 million tons, 0.6% down from the previous year, among which, the output of mariculture continued to grow, reaching 20.312 million tons, 1.5% up from the previous year; the output of marine fishing continued to drop, amounting to 10.445 million tons, 6.1% down from the previous year; the output of the deep-sea fishing kept reaching new heights, reaching 2.257 million tons, 8.2% up from the previous year. The number of ocean-going fishing boats amounted to 2654, 6.5% up from the previous year; the total power reached 2.740 million kW, 7.4% up from the previous year.

Secondary marine industry

In 2018, thanks to the increase of domestic demand for the natural gas, the production of offshore natural gas reached again a new record high, amounting to 15.38 billion m^3, 10.2% up from the previous year; the output of marine crude oil was 48.07 million tons, 1.6% down from the previous year. The offshore oil and gas industry effected a full-year added value of 147.65 billion yuan, 3.3% up from the previous year. The added value of marine mining industry kept developing steadily, amounting to 7.05 billion yuan for the whole year, 0.5% up from the previous year. The marine salt market continues to be weak, effecting a full-year added value of 3.86 billion yuan, 16.6% down from the previous year. The marine chemical industry developed steadily, realizing a full-year added value of 111.90 billion yuan, 3.1% up from the previous year. The research and development of marine biomedicine industry made new breakthrough continuously and led the industry forward steadily, effecting a full-year added value 41.34 billion yuan and 9.6% up from the previous year. The scale of offshore wind power installed capacity continued to the expanded and marine electric power industry kept a strong development momentum. In 2018, the newly increased offshore wind power installed capacity amounted to 1.74 million kW with a year-on-year growth rate of 49.9%, the added value effected for the whole year amounted to 17.20 billion yuan, 12.8% up from the previous year. The seawater utilization industry developed rapidly, the step of industry standardization and internationalization was quickened gradually and the full-year added value accomplished amounted to 1.71 billion yuan,

7.9% up from the previous year. Affected by the weakening demand of the international shipping market and the excess shipping capacity, the accomplished shipbuilding output decreased by a large margin and the marine shipbuilding industry faced a more severe situation, effecting a full-year added value of 99.66 billion yuan, 9.8% down from the previous year. The downward pressure on the marine engineering construction industry increased and its full-year added value was 190.53 billion yuan, 3.8% down from the previous year.

Tertiary marine industry

In 2018, the marine communications and transport industry kept developing steadily, and effecting a full-year added value of 652.15 billion yuan, 5.5% up from the previous year. The marine transport service capacity was constantly enhanced and the cargo handling capacity of the coastal ports above designated size was 9.46 billion tons, 4.5% up from the previous year; The handling capacity of international standard containers amounted to 0.22 billion TEU, 5.2% up from the previous year. The coastal tourism industry continued to maintain rapid development and was still the maximum pulling force of marine economic growth, effecting a full-year added value of 1607.82 billion yuan, 8.3% up from the previous year and a contribution rate of 23.5% to the marine economic growth.

III. Development of Regional Marine Development

In 2018, the marine economy in the Northern, Eastern and Southern Marine Economic Circles continued to maintain steady growth, the proportion of the Northern Marine Economic Circle in the national Gross Ocean Product slightly decreased, i.e. 31.4%, while those of the Eastern and Southern Marine Economic Circles rose slightly, i.e., 29.1% and 39.5% respectively.

The Gross Ocean Product of the Northern Marine Economic Circle amounted to 2621.92 billion yuan with a nominal growth rate of 7.0% as compared with the previous year, accounting for 16.7% of the Gross Regional Product. The added value of marine industries was 1642.53 billion yuan and that of marine-related industry 979.39 billion yuan. The added values of coastal tourism, marine communications and transport, marine fishery and offshore oil and gas industries ranked at the forefront, their sum total accounting for 88.3% of the added values of major marine industry in the region.

The Gross Ocean Product of the Eastern Marine Economic Circle amounted to 2426.12 billion yuan with a nominal growth rate of 8.0% as compared with the previous year, accounting for 13.4% of the Gross Regional Product. The added value of marine industries was 1525.74 billion yuan and that of marine-related industries 900.38 billion yuan. The four industries of coastal tourism, marine communications and transport, marine fishery and marine shipbuilding ranked at the forefront, their sum total accounting for 91.5% of the added values of major marine industries in the region.

The Gross Ocean Product of the Southern Marine Economic Circle was 3293.44 billion yuan with a nominal growth rate of 10.6% as compared with the previous year, accounting for 20.8% of the Gross Regional Product. The added value of marine industries amounted to 2128.28 billion yuan and the marine-related industries 1165.16 billion yuan. The four industries of coastal tourism, marine fishery, marine communication and transport, and marine engineering construction ranked at the forefront, their sum total accounting for 88.0% of that of the major marine industries in the region.

IV. Science, Technology and Education

In 2018, the marine scientific research and education continued to develop steadily. The statistics number of marine scientific research institutions totaled 176 with 37578 employees; the number of marine scientific and technological projects undertaken by the marine scientific research institutions was 17526; 18882 marine scientific and technological papers and 409 kinds of marine scientific and technological works were published; and the number of patents authorized was 3720, of which 2120 were the ones for discovery, and the number owned of invention patents in force was 18792; the number of the institutions of higher learning which offer marine specialties amounted to 598, with 508727 full-time teachers in this regard; the number of graduates from marine specialties of the higher learning and the secondary vocational education was 86720 and 11092 respectively; the number of students enrolled was 82482 and 15042 respectively; and that in school was 270307 and 33266 respectively.

V. Marine Environmental Protection and Disaster Mitigation

In 2018, China's seawater environment quality generally improved. In summer, the sea area under China's jurisdiction with the seawater quality inferior to Class 4 was 33270 km^2. Among the marine ecosystems monitored such as estuaries, bays, tidal flat wetland, coral reef, mangrove and sea grass bed etc., those in the healthy, subhealthy and unhealthy state accounted for 23.8%, 71.4% and 4.8% respectively. The direct economic loss caused by various marine disasters in China reached 4.78 billion yuan, of which, that caused by storm surge disasters amounted to 4.46 billion yuan, accounting for 93.3% of the total direct economic loss. There were 4 times of red tide process each with the largest area exceeding (including) 100 km^2.

VI. Marine Administration

In 2018, marine administration was carried forward soundly and various marine efforts obtained obvious results. The number of the sea parcels newly approved was 1237, and the area of sea parcels newly approved reached 104873.5 hm^2; marine numerical forecast service (national level) was provided on 7598 occasions, the data quantity from various marine observations totaled 83670.0 MB, and 421 marine survey projects were carried out; and for the whole year a total of 50 items of national standard and 312 items of professional standard had been authorized and examined, and 10 items of national standard and 50 items of professional standard published.

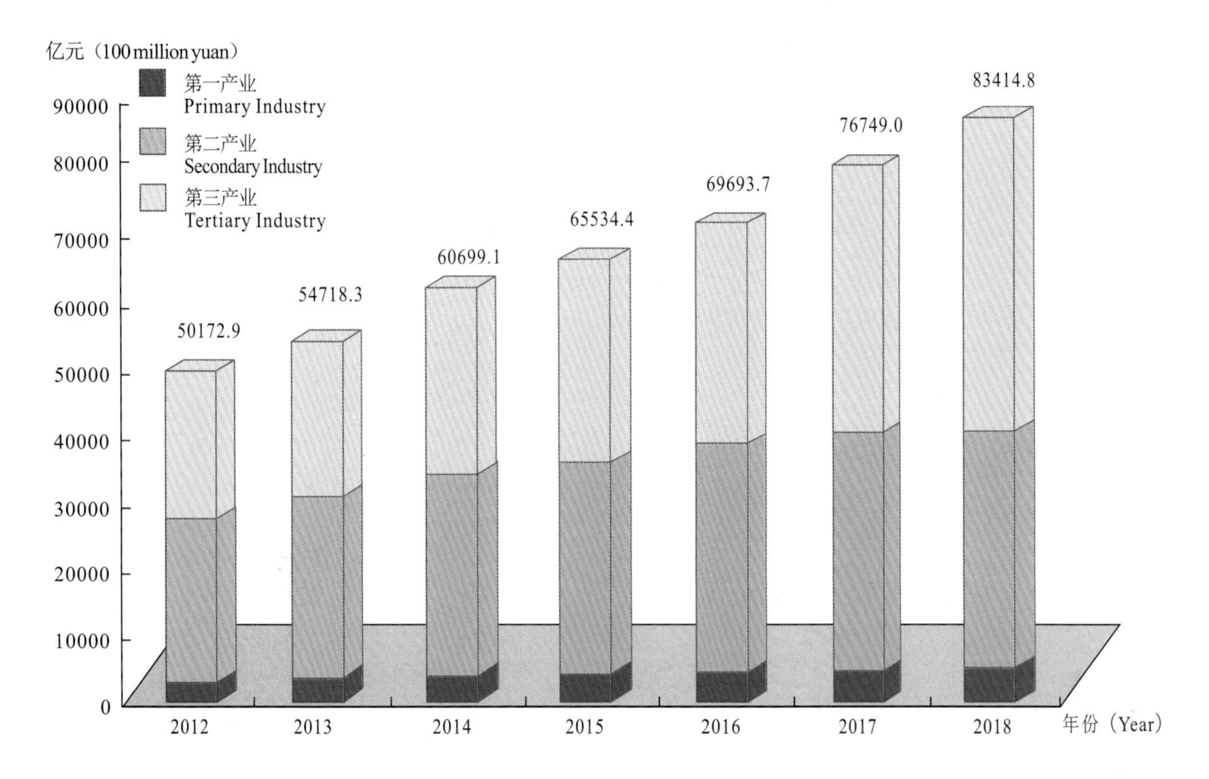

图 1　全国海洋生产总值及三次产业构成

National Gross Ocean Product and Three Industries Composition

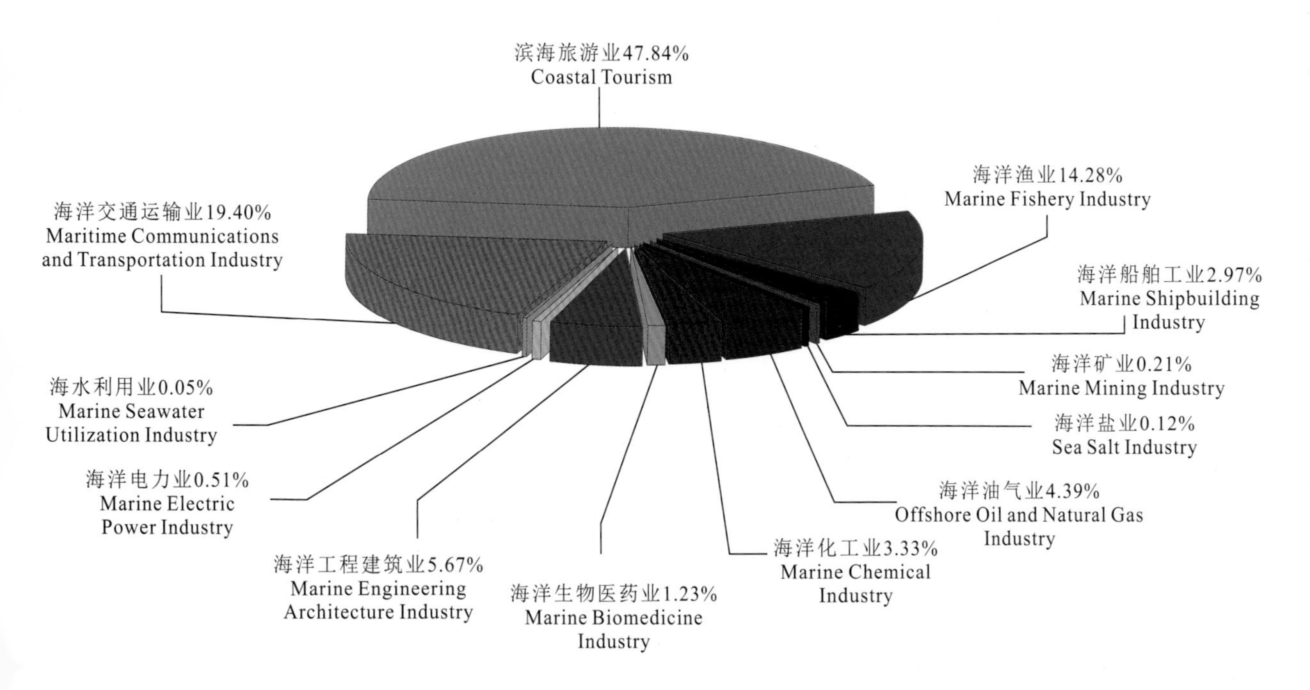

图 2　2018年全国主要海洋产业增加值构成

Composition of Added Values of National Major Marine Industries in 2018

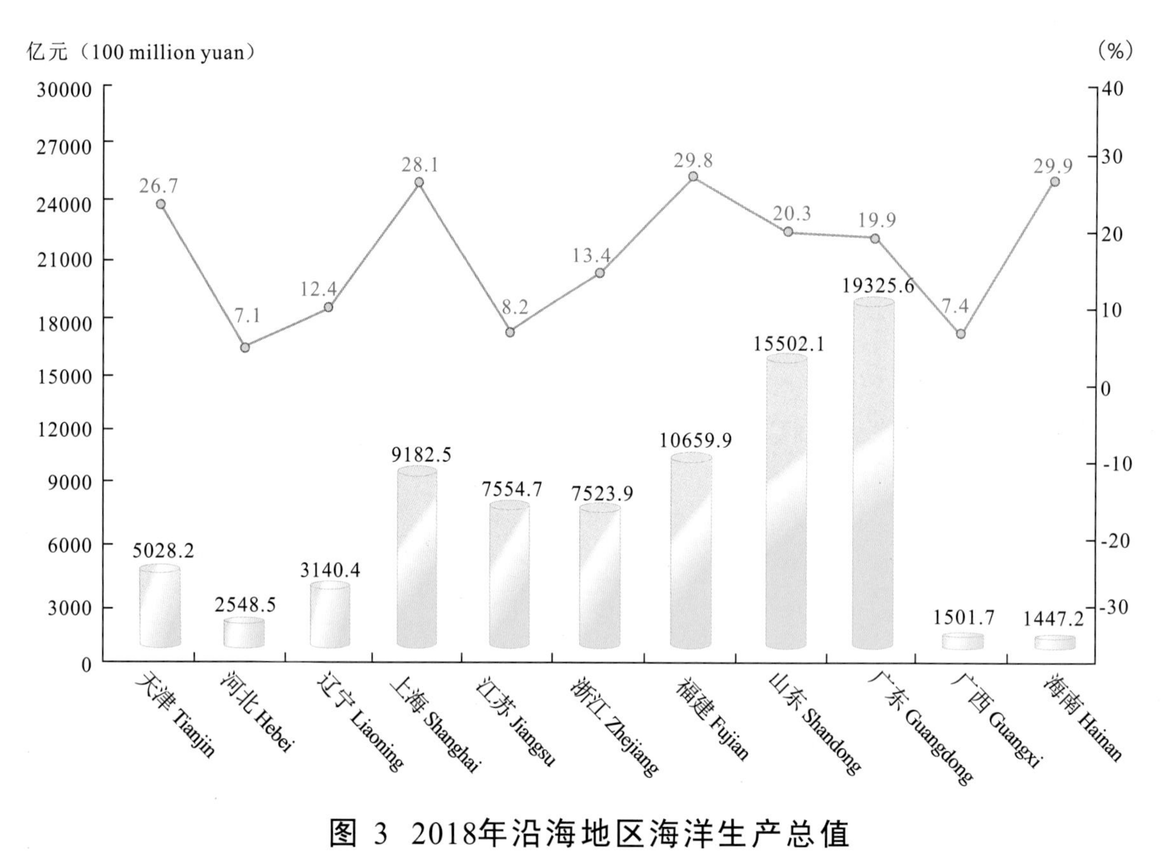

图 3 2018年沿海地区海洋生产总值

Gross Ocean Product by Coastal Regions in 2018

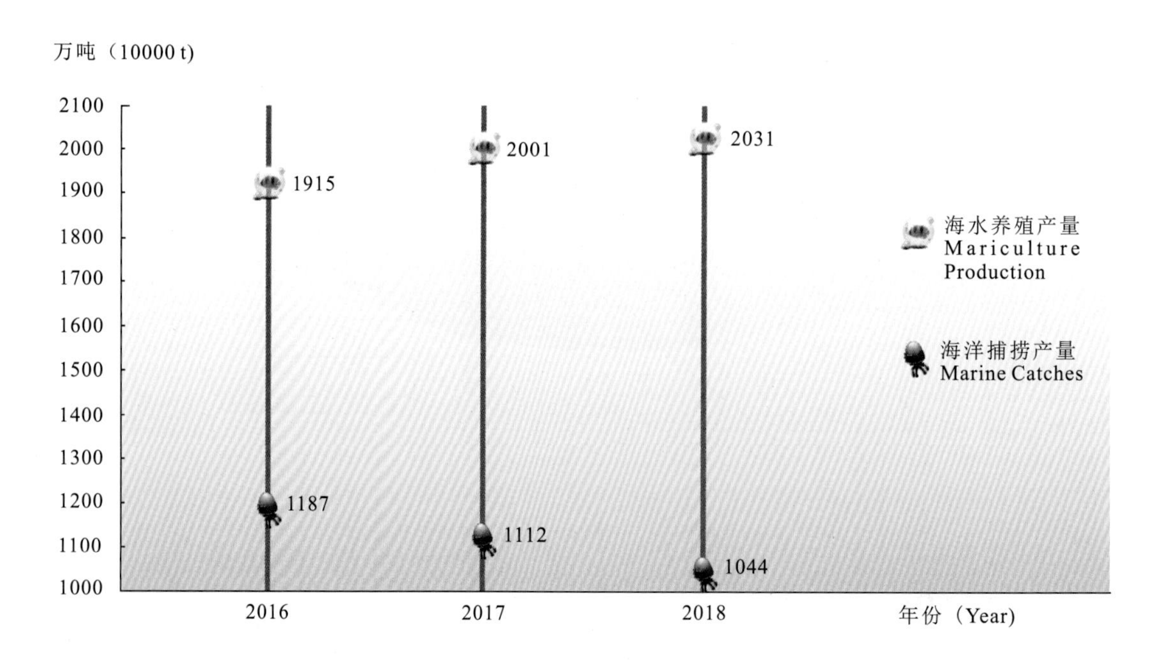

图 4 全国海洋捕捞和海水养殖产量

National Marine Catches and Mariculture Production

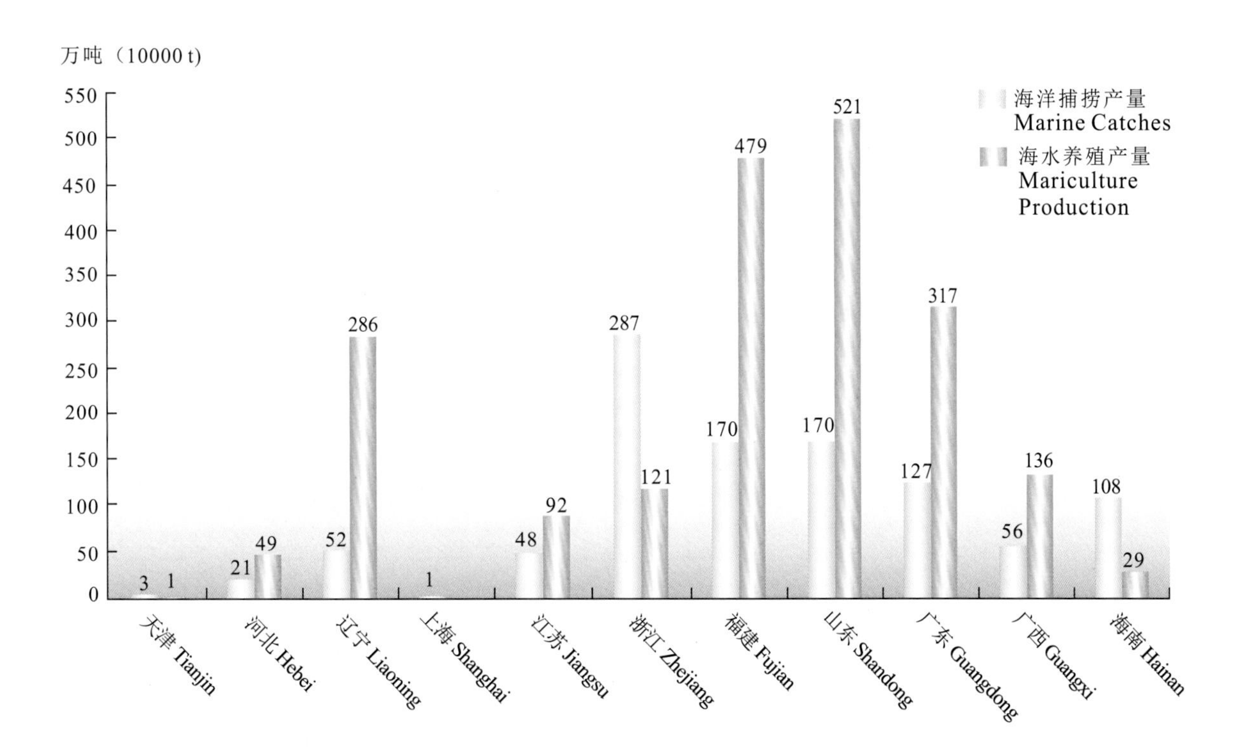

图 5　2018年沿海地区海洋捕捞和海水养殖产量

Marine Catches and Mariculture Production by Coastal Regions in 2018

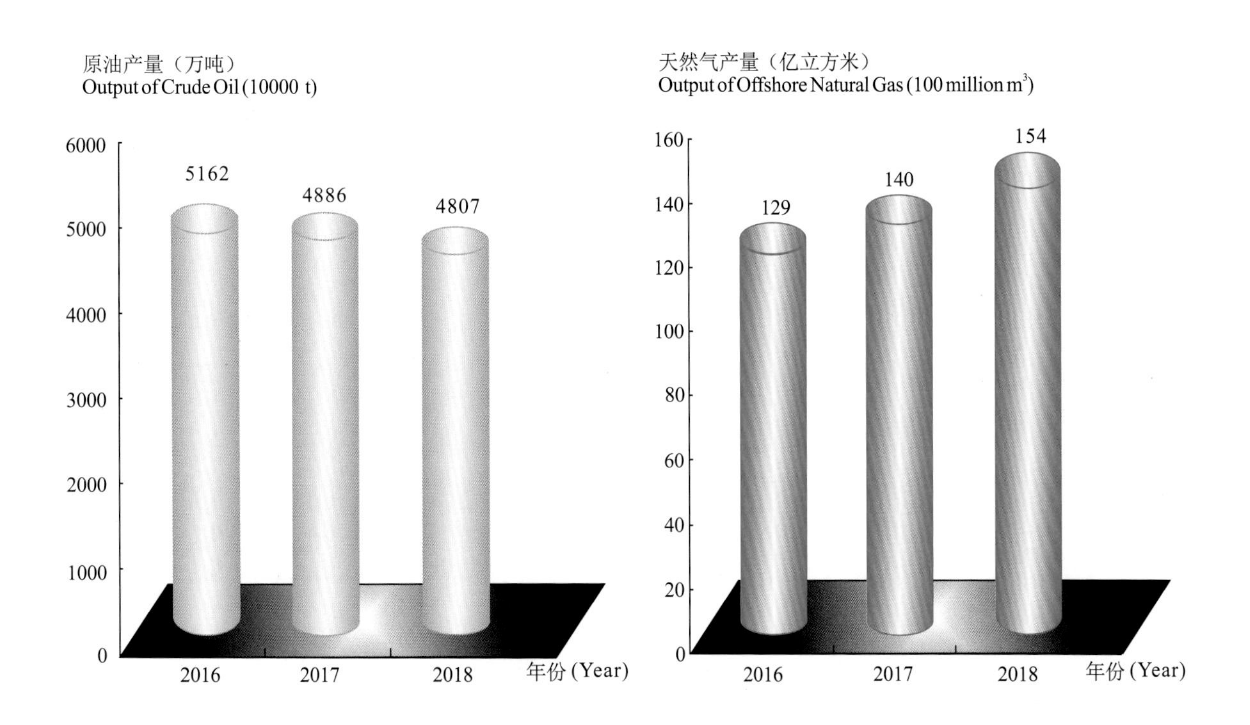

图 6　全国海洋原油和天然气产量

National Output of Offshore Crude Oil and Natural Gas

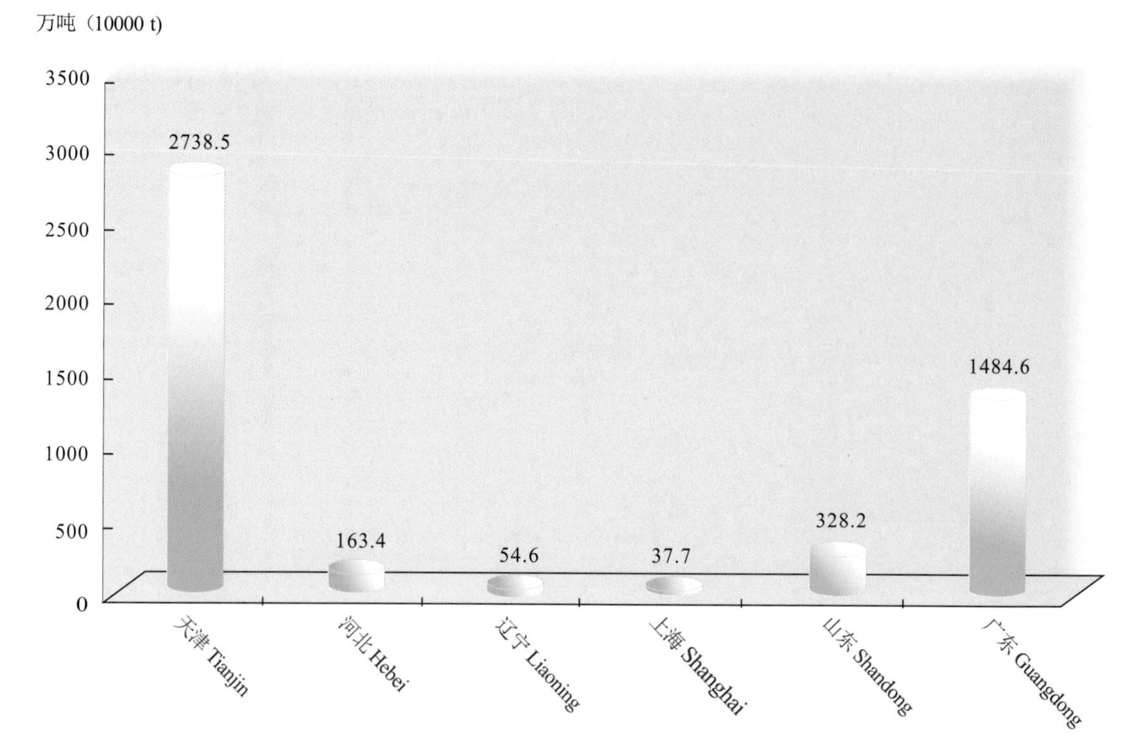

图 7　2018年沿海地区海洋原油产量

Offshore Crude Oil Production by Coastal Regions in 2018

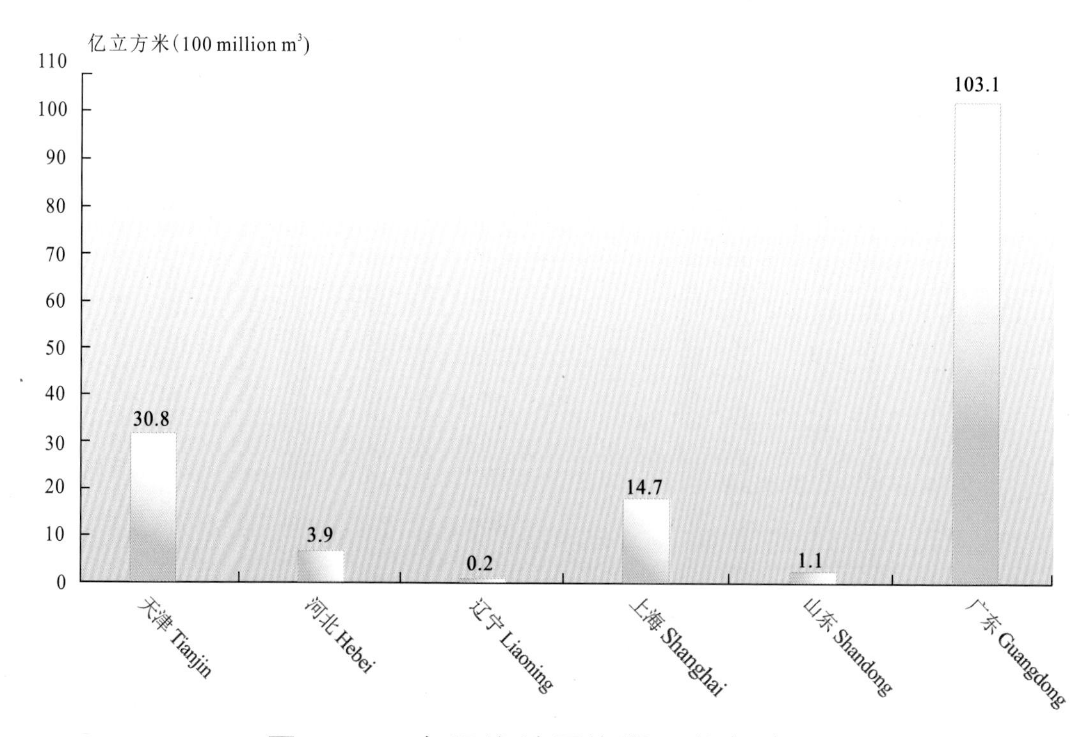

图 8　2018年沿海地区海洋天然气产量

Offshore Natural Gas Production by Coastal Regions in 2018

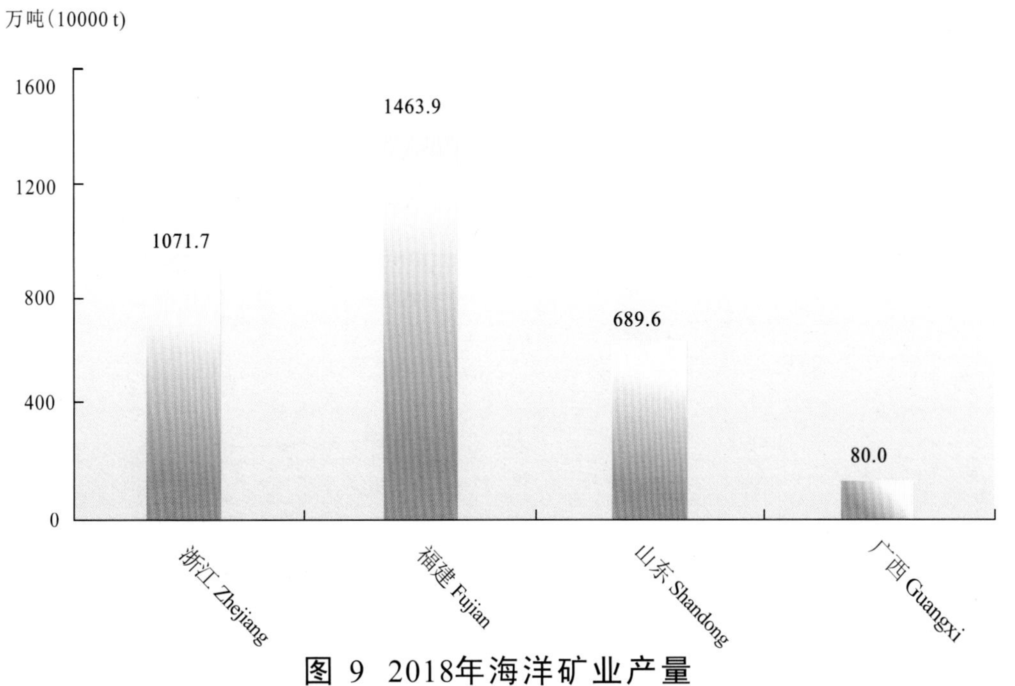

图 9 2018年海洋矿业产量

Production of Marine Mining Industry in 2018

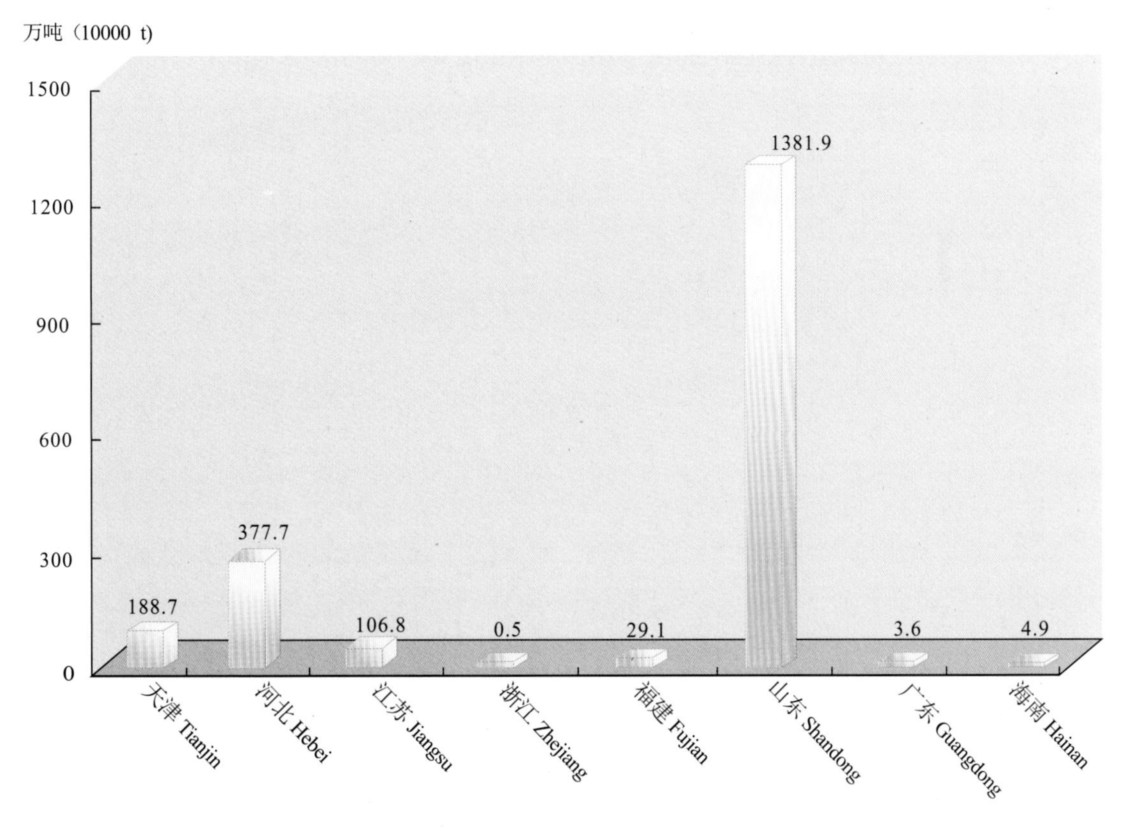

图 10 2018年沿海地区海盐产量

Sea Salt Production by Coastal Regions in 2018

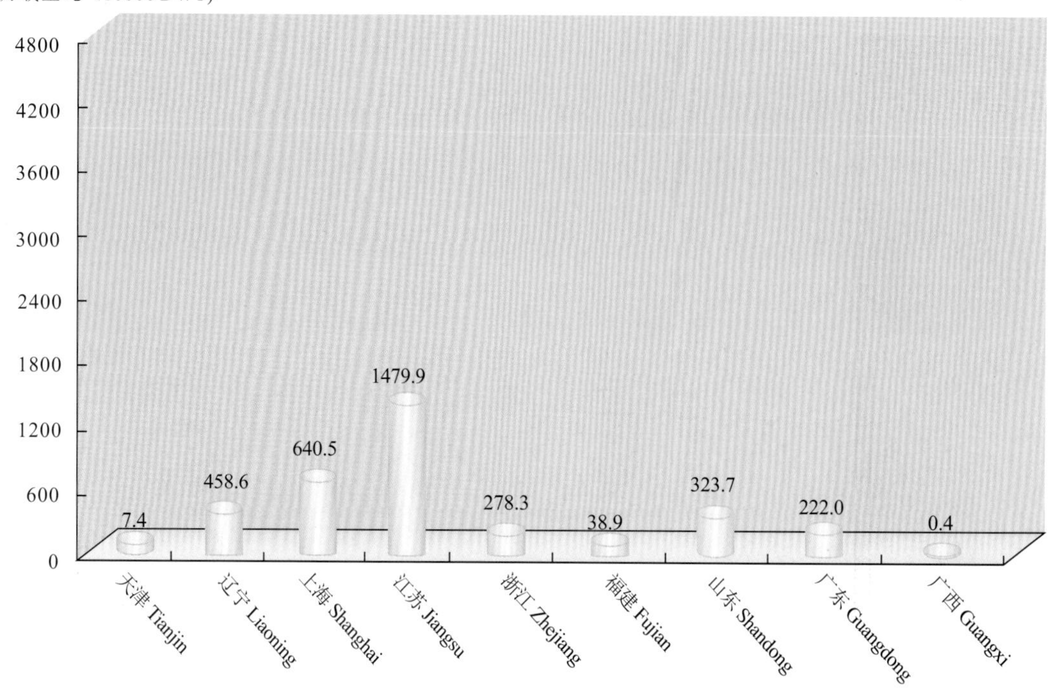

图 11　2018年沿海地区海洋造船完工量

Completed Quantity of Marine Shipbuilding by Coastal Regions in 2018

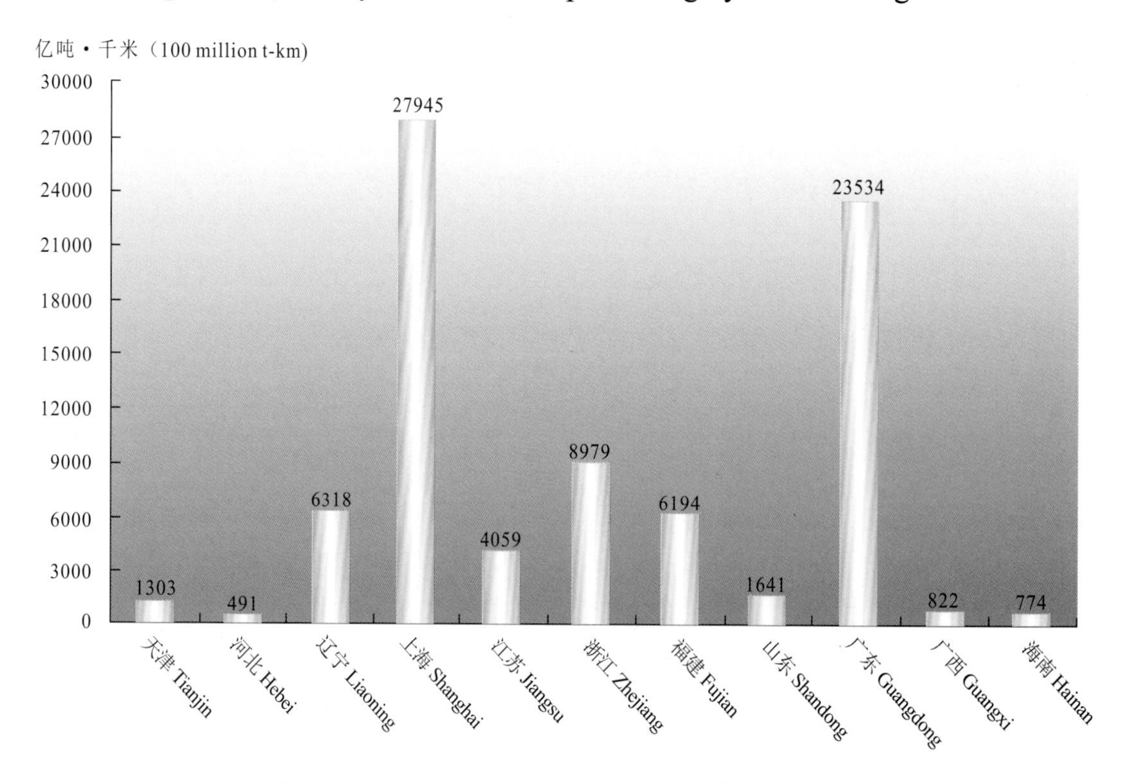

图 12　2018年沿海地区海洋货物周转量

Maritime Goods Turnover Volume by Coastal Regions in 2018

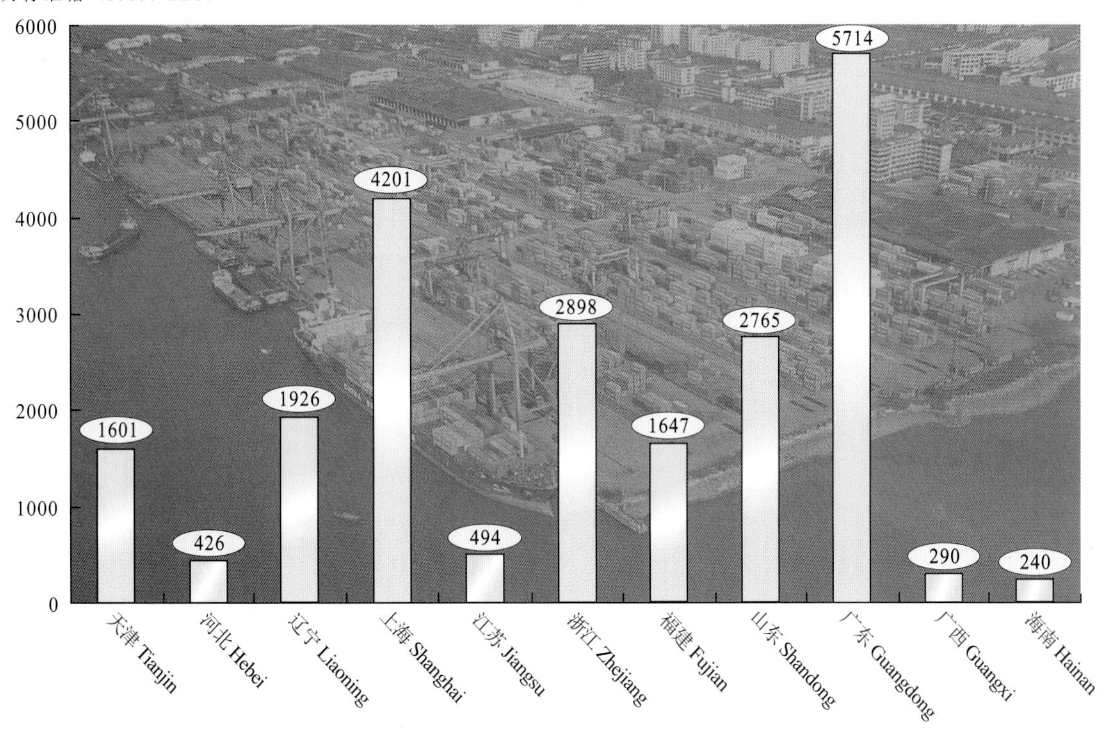

图 13 2018年沿海港口国际标准集装箱吞吐量

International Standardized Containers Handled by Coastal Seaports in 2018

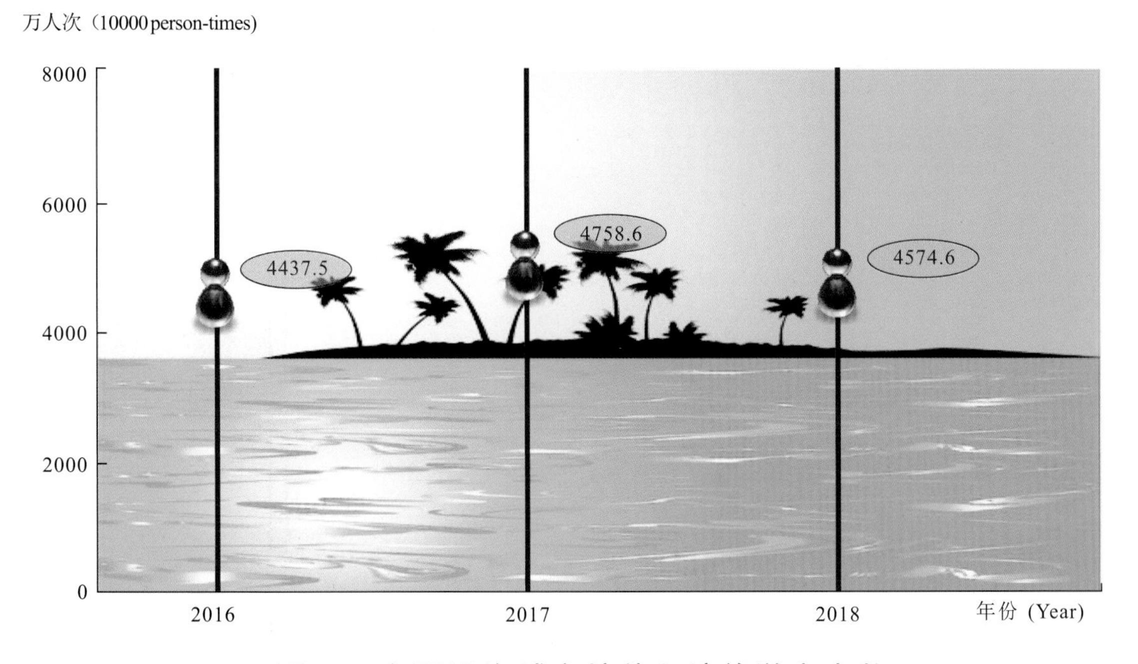

图 14 主要沿海城市接待入境旅游者人数

Number of Inbound Tourists Received by Major Coastal Cities

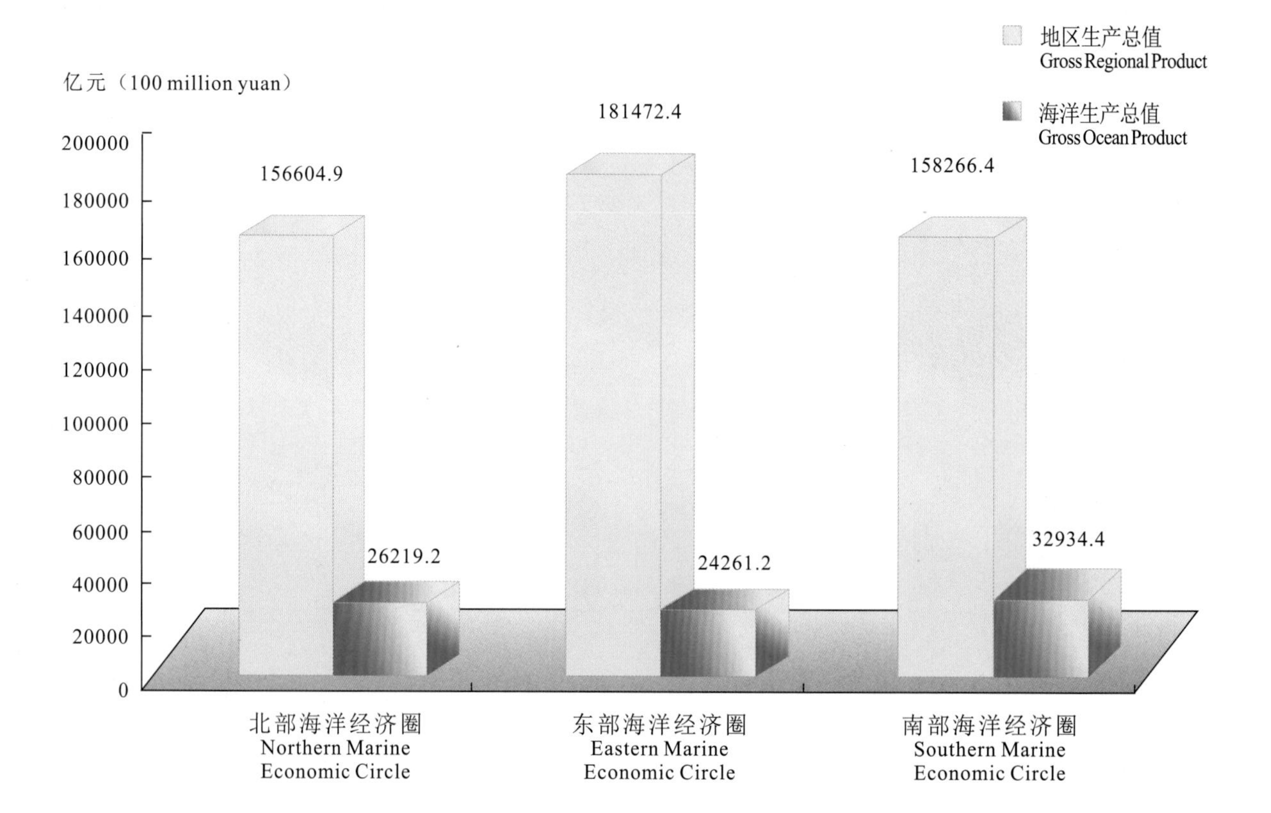

图 15 2018年北部、东部、南部海洋经济圈地区生产总值与海洋生产总值

GDP and GOP of the Northern Marine Economic Circle,Eastern Marine Economic Circle and Southern Marine Economic Circle in 2018

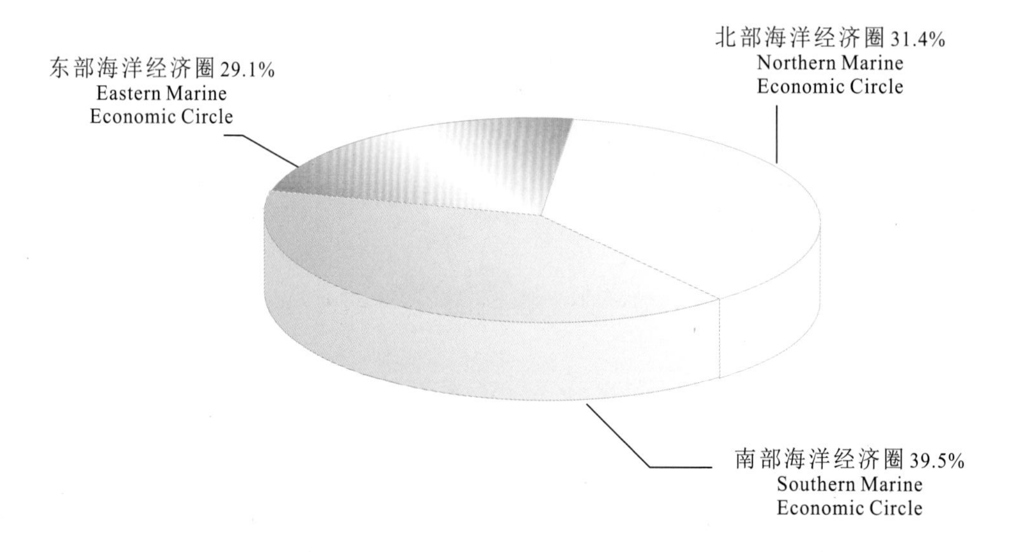

图 16 2018年北部、东部、南部海洋经济圈海洋生产总值占全国海洋生产总值比重

Proportion of the GOP of the Northern Marine Economic Circle,Eastern Marine Economic Circle and Southern Marine Economic Circle in the National GOP in 2018

1

综 合 资 料

Integrated Data

1-1 沿海地区行政区划（2018年）
Administrative Division of Coastal Regions (2018)

单位：个 (unit)

沿海地区 Coastal Region	沿海城市 Coastal City	沿海地带 Coastal County (District)			
		合　计 Total	县 County	县级市 County-level City	区 District
合　计 Total	**55**	**224**	**50**	**49**	**125**
天　津 Tianjin	1	1	0	0	1
河　北 Hebei	3	11	4	1	6
辽　宁 Liaoning	6	22	3	6	13
上　海 Shanghai	1	5	0	0	5
江　苏 Jiangsu	3	15	6	4	5
浙　江 Zhejiang	7	32	8	9	15
福　建 Fujian	6	33	11	7	15
山　东 Shandong	7	35	4	11	20
广　东 Guangdong	14	46	8	6	32
广　西 Guangxi	3	8	1	1	6
海　南 Hainan	4	16	5	4	7

注：沿海地带中未包括广东省的东莞、中山和海南的三沙、儋州。

Note: The coastal zone does not include Dongguan and Zhongshan of Guangdong Province, and Sansha and Danzhou of Hainan Province.

1-2 沿海行政区划一览表（2018年）
Table of Administrative Division of Coastal Regions (2018)

沿海地区 Coastal Region	地区代码 Zip Code	沿海城市 Coastal City	地区代码 Zip Code	沿海地带 Coastal County (District)	地区代码 Zip Code
天　津 Tianjin	120000			滨海新区Binhai Xinqu	120116
河　北 Hebei	130000	唐山 Tangshan	130200	丰南区Fengnan Qu	130207
				曹妃甸区Caofeidian Qu	130209
				滦南县Luannan Xian	130224
				乐亭县Laoting Xian	130225
		秦皇岛 Qinhuangdao	130300	海港区Haigang Qu	130302
				山海关区Shanhaiguan Qu	130303
				北戴河区Beidaihe Qu	130304
				抚宁区Funing Qu	130306
				昌黎县Changli Xian	130322
		沧州 Cangzhou	130900	海兴县Haixing Xian	130924
				黄骅市Huanghua Shi	130983
辽　宁 Liaoning	210000	大连 Dalian	210200	中山区Zhongshan Qu	210202
				西岗区Xigang Qu	210203
				沙河口区Shahekou Qu	210204
				甘井子区Ganjingzi Qu	210211
				旅顺口区Lüshunkou Qu	210212
				金州区Jinzhou Qu	210213
				普兰店区Pulandian Qu	210214
				长海县Changhai Xian	210224
				瓦房店市Wafangdian Shi	210281
				庄河市Zhuanghe Shi	210283
		丹东 Dandong	210600	振兴区Zhenxing Qu	210603
				东港市Donggang Shi	210681
		锦州 Jinzhou	210700	凌海市Linghai Shi	210781
		营口 Yingkou	210800	鲅鱼圈区Bayuquan Qu	210804
				老边区Laobian Qu	210811
				盖州市Gaizhou Shi	210881
		盘锦 Panjin	211100	大洼区Dawa Qu	211104
				盘山县Panshan Xian	211122

1-2 续表1 continued

沿海地区 Coastal Region	地区代码 Zip Code	沿海城市 Coastal City	地区代码 Zip Code	沿海地带 Coastal County (District)	地区代码 Zip Code
		葫芦岛 Huludao	211400	连山区Lianshan Qu	211402
				龙港区Longgang Qu	211403
				绥中县Suizhong Xian	211421
				兴城市Xingcheng Shi	211481
上 海 Shanghai	310000			宝山区Baoshan Qu	310113
				浦东新区Pudong Xinqu	310115
				金山区Jinshan Qu	310116
				奉贤区Fengxian Qu	310120
				崇明区Chongming Qu	310151
江 苏 Jiangsu	320000	南通 Nantong	320600	通州区Tongzhou Qu	320612
				海安市Hai'an Shi	320685
				如东县Rudong Xian	320623
				启东市Qidong Shi	320681
				海门市Haimen Shi	320684
		连云港 Lianyungang	320700	连云区Lianyun Qu	320703
				赣榆区Ganyu Qu	320707
				灌云县Guanyun Xian	320723
				灌南县Guannan Xian	320724
		盐城 Yancheng	320900	亭湖区Tinghu Qu	320902
				大丰区Dafeng Qu	320904
				响水县Xiangshui Xian	320921
				滨海县Binhai Xian	320922
				射阳县Sheyang Xian	320924
				东台市Dongtai Shi	320981
浙 江 Zhejiang	330000	杭州 Hangzhou	330100	滨江区Binjiang Qu	330108
				萧山区Xiaoshan Qu	330109
		宁波 Ningbo	330200	北仑区Beilun Qu	330206
				镇海区Zhenhai Qu	330211
				鄞州区Yinzhou Qu	330212
				奉化区Fenghua Qu	330213
				象山县Xiangshan Xian	330225
				宁海县Ninghai Xian	330226
				余姚市Yuyao Shi	330281
				慈溪市Cixi Shi	330282

1-2 续表2 continued

沿海地区 Coastal Region	地区代码 Zip Code	沿海城市 Coastal City	地区代码 Zip Code	沿海地带 Coastal County (District)	地区代码 Zip Code
		温州 Wenzhou	330300	鹿城区Lucheng Qu	330302
				龙湾区Longwan Qu	330303
				洞头区Dongtou Qu	330305
				平阳县Pingyang Xian	330326
				苍南县Cangnan Xian	330327
				瑞安市Rui'an Shi	330381
				乐清市Yueqing Shi	330382
		嘉兴 Jiaxing	330400	海盐县Haiyan Xian	330424
				海宁市Haining Shi	330481
				平湖市Pinghu Shi	330482
		绍兴 Shaoxing	330600	柯桥区Keqiao Qu	330603
				上虞区Shangyu Qu	330604
		舟山 Zhoushan	330900	定海区Dinghai Qu	330902
				普陀区Putuo Qu	330903
				岱山县Daishan Xian	330921
				嵊泗县Shengsi Xian	330922
		台州 Taizhou	331000	椒江区Jiaojiang Qu	331002
				路桥区Luqiao Qu	331004
				三门县Sanmen Xian	331022
				温岭市Wenling Shi	331081
				临海市Linhai Shi	331082
				玉环市Yuhuan Shi	331083
福　建 Fujian	350000	福州 Fuzhou	350100	马尾区Mawei Qu	350105
				长乐区Changle Qu	350112
				连江县Lianjiang Xian	350122
				罗源县Luoyuan Xian	350123
				平潭县Pingtan Xian	350128
				福清市Fuqing Shi	350181
		厦门 Xiamen	350200	思明区Siming Qu	350203
				海沧区Haicang Qu	350205

1-2 续表3 continued

沿海地区 Coastal Region	地区代码 Zip Code	沿海城市 Coastal City	地区代码 Zip Code	沿海地带 Coastal County (District)	地区代码 Zip Code
				湖里区Huli Qu	350206
				集美区Jimei Qu	350211
				同安区Tong'an Qu	350212
				翔安区Xiang'an Qu	350213
		莆田 Putian	350300	城厢区Chengxiang Qu	350302
				涵江区Hanjiang Qu	350303
				荔城区Licheng Qu	350304
				秀屿区Xiuyu Qu	350305
				仙游县Xianyou Xian	350322
		泉州 Quanzhou	350500	丰泽区Fengze Qu	350503
				泉港区Quangang Qu	350505
				惠安县Hui'an Xian	350521
				金门县Jinmen Xian	350527
				石狮市Shishi Shi	350581
				晋江市Jinjiang Shi	350582
				南安市Nan'an Shi	350583
		漳州 Zhangzhou	350600	云霄县Yunxiao Xian	350622
				漳浦县Zhangpu Xian	350623
				诏安县Zhao'an Xian	350624
				东山县Dongshan Xian	350626
				龙海市Longhai Shi	350681
		宁德 Ningde	350900	蕉城区Jiaocheng Qu	350902
				霞浦县Xiapu Xian	350921
				福安市Fu'an Shi	350981
				福鼎市Fuding Shi	350982
山　东 Shandong	370000	青岛 Qingdao	370200	市南区Shinan Qu	370202
				市北区Shibei Qu	370203
				黄岛区Huangdao Qu	370211
				崂山区Laoshan Qu	370212
				李沧区Licang Qu	370213
				城阳区Chengyang Qu	370214
				即墨区Jimo Qu	370215
				胶州市Jiaozhou Shi	370281

1-2 续表4 continued

沿海地区 Coastal Region	地区代码 Zip Code	沿海城市 Coastal City	地区代码 Zip Code	沿海地带 Coastal County (District)	地区代码 Zip Code
		东营 Dongying	370500	东营区Dongying Qu	370502
				河口区Hekou Qu	370503
				垦利区Kenli Qu	370505
				利津县Lijin Xian	370522
				广饶县Guangrao Xian	370523
		烟台 Yantai	370600	芝罘区Zhifu Qu	370602
				福山区Fushan Qu	370611
				牟平区Muping Qu	370612
				莱山区Laishan Qu	370613
				长岛县Changdao Xian	370634
				龙口市Longkou Shi	370681
				莱阳市Laiyang Shi	370682
				莱州市Laizhou Shi	370683
				蓬莱市Penglai Shi	370684
				招远市Zhaoyuan Shi	370685
				海阳市Haiyang Shi	370687
		潍坊 Weifang	370700	寒亭区Hanting Qu	370703
				寿光市Shouguang Shi	370783
				昌邑市Changyi Shi	370786
		威海 Weihai	371000	环翠区Huancui Qu	371002
				文登区Wendeng Qu	371003
				荣成市Rongcheng Shi	371082
				乳山市Rushan Shi	371083
		日照 Rizhao	371100	东港区Donggang Qu	371102
				岚山区Lanshan Qu	371103
		滨州 Binzhou	371600	沾化区Zhanhua Qu	371603
				无棣县Wudi Xian	371623
广　东 Guangdong	440000	广州 Guangzhou	440100	黄埔区Huangpu Qu	440112
				番禺区Panyu Qu	440113
				南沙区Nansha Qu	440115
				增城区Zengcheng Qu	440118

1-2 续表5 continued

沿海地区 Coastal Region	地区代码 Zip Code	沿海城市 Coastal City	地区代码 Zip Code	沿海地带 Coastal County (District)	地区代码 Zip Code
		深圳 Shenzhen	440300	福田区Futian Qu	440304
				南山区Nanshan Qu	440305
				宝安区Bao'an Qu	440306
				龙岗区Longgang Qu	440307
				盐田区Yantian Qu	440308
		珠海 Zhuhai	440400	香洲区Xiangzhou Qu	440402
				斗门区Doumen Qu	440403
				金湾区Jinwan Qu	440404
		汕头 Shantou	440500	龙湖区Longhu Qu	440507
				金平区Jinping Qu	440511
				濠江区Haojiang Qu	440512
				潮阳区Chaoyang Qu	440513
				潮南区Chaonan Qu	440514
				澄海区Chenghai Qu	440515
				南澳县Nan'ao Xian	440523
		江门 Jiangmen	440700	蓬江区Pengjiang Qu	440703
				江海区Jianghai Qu	440704
				新会区Xinhui Qu	440705
				台山市Taishan Shi	440781
				恩平市Enping Shi	440785
		湛江 Zhanjiang	440800	赤坎区Chikan Qu	440802
				霞山区Xiashan Qu	440803
				坡头区Potou Qu	440804
				麻章区Mazhang Qu	440811
				遂溪县Suixi Xian	440823
				徐闻县Xuwen Xian	440825
				廉江市Lianjiang Shi	440881
				雷州市Leizhou Shi	440882
				吴川市Wuchuan Shi	440883
		茂名 Maoming	440900	电白区Dianbai Qu	440904
		惠州 Huizhou	441300	惠阳区Huiyang Qu	441303
				惠东县Huidong Xian	441323
		汕尾 Shanwei	441500	城　区Chengqu	441502
				海丰县Haifeng Xian	441521
				陆丰市Lufeng Shi	441581

1-2 续表6 continued

沿海地区 Coastal Region	地区代码 Zip Code	沿海城市 Coastal City	地区代码 Zip Code	沿海地带 Coastal County (District)	地区代码 Zip Code
		阳江 Yangjiang	441700	江城区Jiangcheng Qu	441702
				阳东区Yangdong Qu	441704
				阳西县Yangxi Xian	441721
		东莞 Dongguan	441900		
		中山 Zhongshan	442000		
		潮州 Chaozhou	445100	饶平县Raoping Xian	445122
		揭阳 Jieyang	445200	榕城区Rongcheng Qu	445202
				揭东区Jiedong Qu	445203
				惠来县Huilai Xian	445224
广 西 Guangxi	450000	北海 Beihai	450500	海城区Haicheng Qu	450502
				银海区Yinhai Qu	450503
				铁山港区Tieshangang Qu	450512
				合浦县Hepu Xian	450521
		防城港 Fangchenggang	450600	港口区Gangkou Qu	450602
				防城区Fangcheng Qu	450603
				东兴市Dongxing Shi	450681
		钦州 Qinzhou	450700	钦南区Qinnan Qu	450702
海 南 Hainan	460000	海口 Haikou	460100	秀英区Xiuying Qu	460105
				龙华区Longhua Qu	460106
				美兰区Meilan Qu	460108
		三亚 Sanya	460200	海棠区Haitang Qu	460202
				吉阳区Jiyang Qu	460203
				天涯区Tianya Qu	460204
				崖州区Yazhou Qu	460205
		三沙 Sansha	460300		
		儋州 Danzhou	460400		
		省直辖县 Counties Directly under the Hainan Province Government	469000	琼海市Qionghai Shi	469002
				文昌市Wenchang Shi	469005
				万宁市Wanning Shi	469006
				东方市Dongfang Shi	469007
				澄迈县Chengmai Xian	469023
				临高县Lingao Xian	469024
				昌江黎族自治县 Changjiang Lizu Zizhixian	469026
				乐东黎族自治县Ledong Lizu Zizhixian	469027
				陵水黎族自治县Lingshui Lizu Zizhixian	469028

1-3 海洋自然地理
Marine Physical Geography

指　标	Item	指标值 Data
海洋平均深度　（米）	Average Depth of Sea　(m)	961
海洋最大深度　（米）	Maximum Depth of Sea　(m)	5559
海岸线总长度　（万千米）	Total Length of Coastline　(10000 km)	约3.2
大陆岸线长度	Length of Continental Coastline	约1.8
岛屿岸线长度	Length of Insular Coastline	约1.4
海岛数量（个）	Number of Islands (unit)	11000余
有居民海岛数量	Number of Inhabited Islands	489

1-4 海区海洋石油天然气储量（2018年）
Offshore Oil and Natural Gas Reserves in the Sea Area (2018)

海　区 Sea Area	海洋石油（万吨） Offshore Oil (10000 t)		海洋天然气（亿立方米） Natural Gas (100 million m^3)	
	累计探明技术可采储量 Proven Technically Recoverable Reserves in the Aggregate	剩余技术可采储量 Surplus Technically Recoverable Reserves	累计探明技术可采储量 Proven Technically Recoverable Reserves in the Aggregate	剩余技术可采储量 Surplus Technically Recoverable Reserves
合　计 Total	**140468.8**	**68570.4**	**7153.6**	**5329.2**
渤　海 Bohai Sea	89566.1	51926.7	1272.2	918.1
东　海 East China Sea	1394.0	812.2	1825.7	1668.4
南　海 South China Sea	49508.7	15831.6	4055.7	2742.7

注：数据来源于《2018年全国矿产资源储量通报》。

Note: The data come from the *Journal on the National Mineral Resources Reserves in 2018.*

1-5 沿海地区水资源情况（2018年）
Water Resources by Coastal Regions (2018)

地 区 Region	水资源总量（亿立方米） Total Water Resources (100 million m^3)				人均水资源量（立方米/人） Per Capita Water Resources (m^3/person)
		地表水资源量 Surface Water Resources	地下水资源量 Groundwater Resources	地表水与地下水资源重复量 Overlapped Measurement Between Surface Water and Groundwater	
全国总计 National Total	**27462.5**	**26323.2**	**8246.5**	**7107.2**	**1971.8**
天 津 Tianjin	17.6	11.8	7.3	1.5	112.9
河 北 Hebei	164.1	85.3	124.4	45.6	217.7
辽 宁 Liaoning	235.4	209.3	79.8	53.7	539.4
上 海 Shanghai	38.7	32.0	9.6	2.9	159.9
江 苏 Jiangsu	378.4	274.9	119.7	16.2	470.6
浙 江 Zhejiang	866.2	848.3	213.9	196.0	1520.4
福 建 Fujian	778.5	777.0	245.7	244.2	1982.9
山 东 Shandong	343.3	230.6	196.7	84.0	342.4
广 东 Guangdong	1895.1	1885.2	460.6	450.7	1683.4
广 西 Guangxi	1831.0	1829.7	440.9	439.6	3732.5
海 南 Hainan	418.1	414.6	98.0	94.5	4495.7

注：数据来源于《2019中国统计年鉴》。

Note: The data come from the *China Statistical Yearbook 2019.*

1-6 沿海地区湿地面积（2018年）
Area of Wetlands by Coastal Regions (2018)

地 区 Region	湿地总面积 （千公顷） Total Area of Wetlands (1000 hm^2)	近海与海岸 Inshore and Coasts
全国总计 National Total	**53602.6**	**5795.9**
天 津 Tianjin	295.6	104.3
河 北 Hebei	941.9	231.9
辽 宁 Liaoning	1394.8	713.2
上 海 Shanghai	464.6	386.6
江 苏 Jiangsu	2822.8	1087.5
浙 江 Zhejiang	1110.1	692.5
福 建 Fujian	871.0	575.6
山 东 Shandong	1737.5	728.5
广 东 Guangdong	1753.4	815.1
广 西 Guangxi	754.3	259.0
海 南 Hainan	320.0	201.7

注：数据来源于第二次全国湿地资源调查（2009—2013）。
Note: The data come from the Second National Wetland Resources Survey (2009-2013).

1-7 主要沿海城市气候基本情况（2018年）
Climate of Major Coastal Cities (2018)

城 市 City	年平均气温 （摄氏度） Annual Average Temperature (℃)	年平均相对湿度 （%） Annual Average Relative Humidity (%)	全年降水量 （毫米） Annual Precipitation (mm)	全年日照时数 （小时） Annual Sunshine Hours (h)
天 津 Tianjin	13.8	56.0	626.5	2435.0
大 连 Dalian	11.7	61.0	566.0	2565.3
上 海 Shanghai	17.7	74.0	1408.8	1835.8
杭 州 Hangzhou	18.1	74.0	1810.2	1744.2
福 州 Fuzhou	20.9	73.0	1399.6	1487.9
青 岛 Qingdao	13.5	69.0	686.2	2075.2
广 州 Guangzhou	22.1	82.0	1759.0	1537.6
海 口 Haikou	24.4	82.0	2135.3	2040.9

注：数据来源于《2019中国统计年鉴》。

Note: The data come from the *China Statistical Yearbook 2019*.

主要统计指标解释

1. 沿海地区 是指有海岸线（大陆岸线和岛屿岸线）的地区，按行政区划分为沿海省、自治区、直辖市。

2. 沿海城市 是指有海岸线的直辖市和地级市（包括其下属的全部区、县和县级市）。

3. 沿海地带 是指有海岸线的县、县级市、区（包括直辖市和地级市的区）。

4. 海洋 是海和洋的统称。洋为地球表面上相连接的广大咸水水体的主体部分。海为地球表面相连接的广大咸水水体被陆地、岛礁、半岛包围或分隔的边缘部分。

5. 水资源总量 指当地降水形成的地表和地下产水总量，即地表径流量与降水入渗补给量之和。

6. 地表水资源量 指河流、湖泊以及冰川等地表水体中可以逐年更新的动态水量，即天然河川径流量。

7. 地下水资源量 指地下饱和含水层逐年更新的动态水量，即降水和地表水入渗对地下水的补给量。

8. 地表水与地下水资源重复量 指地表水和地下水相互转化的部分，即天然河川径流量中的地下水排泄量和地下水补给量中来源于地表水的入渗补给量。

9. 湿地 指天然或人工、长久或暂时性的沼泽地、泥炭地或水域地带，包括静止或流动、淡水、半咸水、咸水体，低潮时水深不超过6米的水域以及海岸地带地区的珊瑚滩和海草床、滩涂、红树林、河口、河流、淡水沼泽、沼泽森林、湖泊、盐沼及盐湖。

10. 平均气温 指空气的温度，我国一般以摄氏度为单位表示。气象观测的温度表是放在离地面约1.5米处通风良好的百叶箱里测量的，因此，通常说的气温指的是离地面1.5米处百叶箱中的温度。计算方法：月平均气温是将全月各日的平均气温相加，除以该月的天数而得。年平均气温是将12个月的月平均气温累加后除以12而得。

11. 平均相对湿度 指空气中实际水气压与当时气温下的饱和水气压之比。其统计方法与气温相同。

12. 降水量 指从天空降落到地面的液态或固态(经融化后)水，未经蒸发、渗透、流失而在地面上积聚的深度。计算方法：月降水量是将全月各日的降水量累加而得。年降水量是将12个月的月降水量累加而得。

13. 日照时数 指太阳实际照射地面的时数，通常以小时为单位表示。其统计方法与降水量相同。

Explanatory Notes on Main Statistical Indicators

1. Coastal Region refers to the regions with coastlines (continental and island coastlines), which are divided into the coastal provinces, autonomous regions and municipalities directly under the Central Government according to the administrative zoning.

2. Coastal City refers to the municipalities directly under the Central Government and the prefecture-level cities (including all the districts, counties and county-level cities under them).

3. Coastal County (District) refers to the counties, county-level cities and districts with coastlines (including the districts under the municipalities directly under the Central Government and the prefecture-level districts).

4. Ocean is the general name for sea and ocean. Ocean refers to the main body of large salt water connected with the earth surface. Sea refers to the edge areas of the salt water on the earth surface that are compartmentalized or surrounded by land, island, reef or peninsula.

5. Total Water Resources refers to total volume of surface water and groundwater which is from the local precipitation and is measured as the summation of run-off for surface water and recharge of groundwater from local precipitation.

6. Surface Water Resources refers to total volume of year renewable water flow which exist in rivers, lakes, glaciers and other surface water, and that measured as the natural run-off of rivers.

7. Groundwater Resources refers to total volume of yearly renewable water flow which exist in saturation aquifers of groundwater, and are measured as recharge of groundwater from local precipitation and surface water.

8. Overlapped Measurement between Surface Water and Groundwater refers to the part of mutual transfer between surface water and groundwater, i.e. which is the run-off of rivers includes some depletion into groundwater while groundwater includes recharge from surface water.

9. Wetlands refer to marshland and peat bog, whether natural or man-made, permanent or temporary; water covered areas, whether stagnant or flowing, with fresh or semi-fresh or salty water that is less than 6 meters deep at low tide; as well as coral beach, weed beach, mud beach, mangrove, river outlet, rivers, fresh-water marshland, marshland forests, lakes, salty bog and salt lakes along the coastal areas.

10. Average Temperature refers to the average air temperature on a regular basis. China uses centigrade as the unit. The thermometry used for weather observation is put in a breezy shutter, which is 1.5 meters high from the ground. Therefore, the commonly used temperature refers to the temperature in the breezy shutter 1.5 meters away from the ground. The calculation method is as follows:

Monthly average temperature is the summation of average daily temperature of one month divided by the actual days of that particular month.

Annual average temperature is the summation of monthly average of a year divided by 12 months.

11. Average Relative Humidity refers to the ratio of actual water vapour pressure to the saturation water vapour pressure under the current temperature. The calculation method is the same as that of temperature.

12. Volume of Precipitation refers to the deepness of liquid state or solid state (thawed) water falling from atmosphere reaching to the Earth's surface that has not been evaporated, percolate or run off. The calculation method is as follows:

Monthly precipitation is the summation of daily precipitation of a month.

Annual precipitation is the summation of 12 months precipitation of a year.

13. Sunshine Hours refer to the actual hours of sun irradiating the earth, usually expressed in hours. The calculation method is the same as that of the precipitation.

2
海洋经济核算
Marine Economic Accounting

2-1 全国海洋生产总值
National Gross Ocean Product

年 份 Year	海洋生产总值（亿元） Gross Ocean Product (100 million yuan)				海洋生产总值占国内生产总值比重（%） Proportion of the Gross Ocean Product in GDP (%)	海洋生产总值增长速度（可比价计算）（%） Growth Rate of the Gross Ocean Product (%)
		第一产业 Primary Industry	第二产业 Secondary Industry	第三产业 Tertiary Industry		
2001	9518.4	646.3	4152.1	4720.1	8.59	
2002	11270.5	730.0	4866.2	5674.3	9.26	19.8
2003	11952.3	766.2	5367.6	5818.5	8.70	4.2
2004	14662.0	851.0	6662.8	7148.2	9.06	16.9
2005	17655.6	1008.9	8046.9	8599.8	9.43	16.3
2006	21592.4	1228.8	10217.8	10145.7	9.84	18.0
2007	25618.7	1395.4	12011.0	12212.3	9.49	14.8
2008	29718.0	1694.3	13735.3	14288.4	9.31	9.9
2009	32161.9	1857.7	14926.5	15377.6	9.23	8.8
2010	39619.2	2008.0	18919.6	18691.6	9.61	15.3
2011	45580.4	2381.9	21667.6	21530.8	9.34	10.0
2012	50172.9	2670.6	23450.2	24052.1	9.32	8.1
2013	54718.3	3037.7	24608.9	27071.7	9.23	7.8
2014	60699.1	3109.5	26660.0	30929.6	9.43	7.9
2015	65534.4	3327.7	27671.9	34534.8	9.51	7.0
2016	69693.7	3570.9	27666.6	38456.2	9.34	6.7
2017	76749.0	3628.1	28951.9	44169.0	9.22	6.9
2018	83414.8	3640.2	30858.5	48916.1	9.27	6.7

注：由于基础数据原因，2018年数据为初步核算数据（本部分其他表同）。

Note: Due to the basic data, the data of 2018 are the preliminary accounting data. The same applies to the tables in Part 2.

2-2 全国海洋生产总值构成
Composition of National Gross Ocean Product

单位：% (%)

年 份 Year	第一产业 Primary Industry	第二产业 Secondary Industry	第三产业 Tertiary Industry
2001	6.8	43.6	49.6
2002	6.5	43.2	50.3
2003	6.4	44.9	48.7
2004	5.8	45.4	48.8
2005	5.7	45.6	48.7
2006	5.7	47.3	47.0
2007	5.4	46.9	47.7
2008	5.7	46.2	48.1
2009	5.8	46.4	47.8
2010	5.1	47.8	47.2
2011	5.2	47.5	47.2
2012	5.3	46.7	47.9
2013	5.6	45.0	49.5
2014	5.1	43.9	51.0
2015	5.1	42.2	52.7
2016	5.1	39.7	55.2
2017	4.7	37.7	57.5
2018	4.4	37.0	58.6

2-3 全国海洋及相关产业增加值
Added Values of Marine and Related Industries

单位：亿元 (100 million yuan)

年 份 Year	合 计 Total	海洋产业 Marine Industry	主要海洋产业 Major Marine Industry	海洋科研教育管理服务业 Marine Scientific Research, Education, Management and Service	海洋相关产业 Ocean-related Industries
2001	9518.4	5733.6	3856.6	1877.0	3784.8
2002	11270.5	6787.3	4696.8	2090.5	4483.2
2003	11952.3	7137.7	4754.4	2383.3	4814.6
2004	14662.0	8710.1	5827.7	2882.5	5951.9
2005	17655.6	10539.0	7188.0	3350.9	7116.6
2006	21592.4	12696.7	8790.4	3906.4	8895.6
2007	25618.7	15070.6	10478.3	4592.3	10548.0
2008	29718.0	17591.2	12176.0	5415.2	12126.8
2009	32161.9	18769.4	12768.4	6001.0	13392.5
2010	39619.2	22886.4	16187.8	6698.5	16732.8
2011	45580.4	26517.6	18865.2	7652.4	19062.8
2012	50172.9	29404.6	20829.9	8574.8	20768.2
2013	54718.3	32658.7	22462.3	10196.4	22059.6
2014	60699.1	36364.9	25303.4	11061.5	24334.1
2015	65534.4	39554.9	26838.8	12716.0	25979.5
2016	69693.7	43013.0	28391.9	14621.1	26680.6
2017	76749.0	48327.3	31122.5	17204.8	28421.8
2018	83414.8	52965.4	33609.2	19356.2	30449.3

2-4 全国海洋及相关产业增加值构成
Composition of the Added Values of Marine and Related Industries

单位：% (%)

年 份 Year	合 计 Total	海洋产业 Marine Industry	主要海洋产业 Major Marine Industry	海洋科研教育管理服务业 Marine Scientific Research, Education, Management and Service	海洋相关产业 Ocean-related Industries
2001	100.0	60.2	40.5	19.7	39.8
2002	100.0	60.2	41.7	18.5	39.8
2003	100.0	59.7	39.8	19.9	40.3
2004	100.0	59.4	39.7	19.7	40.6
2005	100.0	59.7	40.7	19.0	40.3
2006	100.0	58.8	40.7	18.1	41.2
2007	100.0	58.8	40.9	17.9	41.2
2008	100.0	59.2	41.0	18.2	40.8
2009	100.0	58.4	39.7	18.7	41.6
2010	100.0	57.8	40.9	16.9	42.2
2011	100.0	58.2	41.4	16.8	41.8
2012	100.0	58.6	41.5	17.1	41.4
2013	100.0	59.7	41.1	18.6	40.3
2014	100.0	59.9	41.7	18.2	40.1
2015	100.0	60.4	41.0	19.4	39.6
2016	100.0	61.7	40.7	21.0	38.3
2017	100.0	63.0	40.6	22.4	37.0
2018	100.0	63.5	40.3	23.2	36.5

2-5 全国主要海洋产业增加值（2018年）
Added Values of National Major Marine Industries (2018)

主要海洋产业 Major Marine Industry	增加值 （亿元） Added Value (100 million yuan)	比上年增长（%） （按可比价计算） Percentage of Increase over Last Year (%) (at comparable price)
合　计 **Total**	**33609.2**	**4.0**
海洋渔业 Marine Fishery Industry	4800.6	- 0.2
海洋油气业 Offshore Oil and Natural Gas Industry	1476.5	3.3
海洋矿业 Marine Mining Industry	70.5	0.5
海洋盐业 Sea Salt Industry	38.6	- 16.6
海洋船舶工业 Marine Shipbuilding Industry	996.6	- 9.8
海洋化工业 Marine Chemical Industry	1119.0	3.1
海洋生物医药业 Marine Biomedicine Industry	413.4	9.6
海洋工程建筑业 Marine Engineering Architecture Industry	1905.3	- 3.8
海洋电力业 Marine Electric Power Industry	172.0	12.8
海水利用业 Marine Seawater Utilization Industry	17.1	7.9
海洋交通运输业 Marine Communications and Transportation Industry	6521.5	5.5
滨海旅游业 Coastal Tourism	16078.2	8.3

2-6 海洋渔业增加值
Added Value of Marine Fishery Industry

单位：亿元 (100 million yuan)

年　份 Year	增加值 Added Value
2001	966.0
2002	1091.2
2003	1145.0
2004	1271.2
2005	1507.6
2006	1672.0
2007	1906.0
2008	2228.6
2009	2440.8
2010	2851.6
2011	3202.9
2012	3560.5
2013	3997.6
2014	4126.6
2015	4317.4
2016	4615.4
2017	4700.7
2018	4800.6

2-7 海洋油气业增加值
Added Value of Offshore Oil and Gas Industry

单位：亿元 (100 million yuan)

年　份 Year	增加值 Added Value
2001	176.8
2002	181.8
2003	257.0
2004	345.1
2005	528.2
2006	668.9
2007	666.9
2008	1020.5
2009	614.1
2010	1302.2
2011	1719.7
2012	1718.7
2013	1666.6
2014	1530.4
2015	981.9
2016	868.8
2017	1145.2
2018	1476.5

2-8 海洋矿业增加值
Added Value of Marine Mining Industry

单位：亿元 (100 million yuan)

年　份 Year	增加值 Added Value
2001	1.0
2002	1.9
2003	3.1
2004	7.9
2005	8.3
2006	13.4
2007	16.3
2008	35.2
2009	41.6
2010	45.2
2011	53.3
2012	45.1
2013	54.0
2014	59.6
2015	63.9
2016	67.3
2017	65.2
2018	70.5

注：自2008年起，部分地区统计矿种增加。

Note: Since 2008, the data include added kinds of minerals in some regions.

2-9 海洋盐业增加值
Added Value of Marine Salt Industry

单位：亿元 (100 million yuan)

年　份 Year	增加值 Added Value
2001	32.6
2002	34.2
2003	28.4
2004	39.0
2005	39.1
2006	37.1
2007	39.9
2008	43.6
2009	43.6
2010	65.5
2011	76.8
2012	60.1
2013	63.2
2014	68.3
2015	41.0
2016	38.9
2017	42.3
2018	38.6

2-10 海洋船舶工业增加值
Added Value of Marine Shipbuilding Industry

单位：亿元　　(100 million yuan)

年　份 Year	增加值 Added Value
2001	109.3
2002	117.4
2003	152.8
2004	204.1
2005	275.5
2006	339.5
2007	524.9
2008	742.6
2009	986.5
2010	1215.6
2011	1352.0
2012	1291.3
2013	1213.2
2014	1395.5
2015	1445.7
2016	1492.4
2017	1091.5
2018	996.6

2-11 海洋化工业增加值
Added Value of Marine Chemical Industry

单位：亿元　　(100 million yuan)

年　份 Year	增加值 Added Value
2001	64.7
2002	77.1
2003	96.3
2004	151.5
2005	153.3
2006	440.4
2007	506.6
2008	416.8
2009	465.3
2010	613.8
2011	695.9
2012	843.0
2013	813.9
2014	920.0
2015	964.2
2016	961.8
2017	1021.0
2018	1119.0

注：自2006年起，部分地区统计产品品种增加。
Note: Since 2006, the data from 2006 include added kinds of statistical products in some regions.

2-12 海洋生物医药业增加值
Added Value of Marine Biomedicine Industry

单位：亿元 (100 million yuan)

年　份 Year	增加值 Added Value
2001	5.7
2002	13.2
2003	16.5
2004	19.0
2005	28.6
2006	34.8
2007	45.4
2008	56.6
2009	52.1
2010	83.8
2011	150.8
2012	184.7
2013	238.7
2014	258.1
2015	295.7
2016	341.3
2017	389.1
2018	413.4

2-13 海洋工程建筑业增加值
Added Value of Marine Engineering Architecture

单位：亿元 (100 million yuan)

年　份 Year	增加值 Added Value
2001	109.2
2002	145.4
2003	192.6
2004	231.8
2005	257.2
2006	423.7
2007	499.7
2008	347.8
2009	672.3
2010	874.2
2011	1086.8
2012	1353.8
2013	1595.5
2014	1735.0
2015	2073.5
2016	1731.3
2017	1846.4
2018	1905.3

2-14 海洋电力业增加值
Added Value of Marine Electric Power Industry

单位：亿元 (100 million yuan)

年 份 Year	增加值 Added Value
2001	1.8
2002	2.2
2003	2.8
2004	3.1
2005	3.5
2006	4.4
2007	5.1
2008	11.3
2009	20.8
2010	38.1
2011	59.2
2012	77.3
2013	91.5
2014	107.7
2015	120.1
2016	128.5
2017	151.7
2018	172.0

2-15 海水利用业增加值
Added Value of Seawater Utilization Industry

单位：亿元 (100 million yuan)

年 份 Year	增加值 Added Value
2001	1.1
2002	1.3
2003	1.7
2004	2.4
2005	3.0
2006	5.2
2007	6.2
2008	7.4
2009	7.8
2010	8.9
2011	10.4
2012	11.1
2013	11.9
2014	12.7
2015	13.7
2016	13.7
2017	15.8
2018	17.1

2-16 海洋交通运输业增加值
Added Value of Marine Communications and Transportation Industry

单位：亿元 (100 million yuan)

年 份 Year	增加值 Added Value
2001	1316.4
2002	1507.4
2003	1752.5
2004	2030.7
2005	2373.3
2006	2531.4
2007	3035.6
2008	3499.3
2009	3146.6
2010	3785.8
2011	4217.5
2012	4752.6
2013	4876.5
2014	5336.9
2015	5641.1
2016	5699.8
2017	6081.0
2018	6521.5

2-17 滨海旅游业增加值
Added Value of Coastal Tourism

单位：亿元 (100 million yuan)

年 份 Year	增加值 Added Value
2001	1072.0
2002	1523.7
2003	1105.8
2004	1522.0
2005	2010.6
2006	2619.6
2007	3225.8
2008	3766.4
2009	4277.1
2010	5303.1
2011	6239.9
2012	6931.8
2013	7839.7
2014	9752.8
2015	10880.6
2016	12432.8
2017	14572.5
2018	16078.2

2-18 沿海地区海洋生产总值（2018年）
Gross Ocean Product by Coastal Regions (2018)

地 区 Region	海洋生产总值（亿元） Gross Ocean Product (100 million yuan)				海洋生产总值占地区生产总值比重（%） Proportion of the Gross Ocean Product in the Gross Regional Product （%）
		第一产业 Primary Industry	第二产业 Secondary Industry	第三产业 Tertiary Industry	
合 计 Total	**83414.8**	**3640.2**	**30858.5**	**48916.1**	**16.8**
天 津 Tianjin	5028.2	10.7	2388.1	2629.4	26.7
河 北 Hebei	2548.5	91.7	829.0	1627.8	7.1
辽 宁 Liaoning	3140.4	322.4	931.8	1886.2	12.4
上 海 Shanghai	9182.5	2.9	3002.4	6177.2	28.1
江 苏 Jiangsu	7554.7	454.0	3473.4	3627.4	8.2
浙 江 Zhejiang	7523.9	530.4	2232.5	4761.0	13.4
福 建 Fujian	10659.9	652.8	3490.8	6516.3	29.8
山 东 Shandong	15502.1	723.0	6600.4	8178.7	20.3
广 东 Guangdong	19325.6	334.4	7164.8	11826.5	19.9
广 西 Guangxi	1501.7	230.2	486.1	785.5	7.4
海 南 Hainan	1447.2	287.9	259.2	900.2	29.9

2-19 沿海地区海洋生产总值构成（2018年）
Composition of Gross Ocean Product by Coastal Regions (2018)

单位：%　　　　(%)

地 区 Region	海洋生产总值 Gross Ocean Product			
		第一产业 Primary Industry	第二产业 Secondary Industry	第三产业 Tertiary Industry
合 计 Total	**100.0**	**4.4**	**37.0**	**58.6**
天 津 Tianjin	100.0	0.2	47.5	52.3
河 北 Hebei	100.0	3.6	32.5	63.9
辽 宁 Liaoning	100.0	10.3	29.7	60.1
上 海 Shanghai	100.0	0.0	32.7	67.3
江 苏 Jiangsu	100.0	6.0	46.0	48.0
浙 江 Zhejiang	100.0	7.0	29.7	63.3
福 建 Fujian	100.0	6.1	32.7	61.1
山 东 Shandong	100.0	4.7	42.6	52.8
广 东 Guangdong	100.0	1.7	37.1	61.2
广 西 Guangxi	100.0	15.3	32.4	52.3
海 南 Hainan	100.0	19.9	17.9	62.2

2-20 沿海地区海洋及相关产业增加值（2018年）
Added Values of Marine and Related Industries by Coastal Regions (2018)

单位：亿元 (100 million yuan)

地　区 Region	合　计 Total	海洋产业 Marine Industry	主要海洋产业 Major Marine Industry	海洋科研教育管理服务业 Industries of Marine Scientific Research, Education, Management and Service	海洋相关产业 Ocean-related Industries
合　计 Total	**83414.8**	**52965.4**	**33609.2**	**19356.2**	**30449.3**
天　津 Tianjin	5028.2	3197.2	2769.2	427.9	1831.1
河　北 Hebei	2548.5	1667.1	1511.4	155.7	881.3
辽　宁 Liaoning	3140.4	2162.3	1520.6	641.7	978.1
上　海 Shanghai	9182.5	5744.9	2902.7	2842.1	3437.7
江　苏 Jiangsu	7554.7	4510.6	2885.1	1625.5	3044.2
浙　江 Zhejiang	7523.9	5001.9	2937.0	2065.0	2522.0
福　建 Fujian	10659.9	6329.6	4812.2	1517.4	4330.3
山　东 Shandong	15502.1	9398.7	6268.6	3130.0	6103.5
广　东 Guangdong	19325.6	12947.7	6537.1	6410.6	6377.9
广　西 Guangxi	1501.7	967.6	799.3	168.4	534.1
海　南 Hainan	1447.2	1037.9	666.0	371.8	409.3

2-21 沿海地区海洋及相关产业增加值构成（2018年）
Composition of the Added Values of Marine and Related Industries by Coastal Regions (2018)

单位：% (%)

地 区 Region	合 计 Total	海洋产业 Marine Industry	主要海洋产业 Major Marine Industry	海洋科研教育管理服务业 Industries of Marine Scientific Research, Education, Management and Service	海洋相关产业 Ocean-related Industries
合 计 Total	**100.0**	**63.5**	**40.3**	**23.2**	**36.5**
天 津 Tianjin	100.0	63.6	55.1	8.5	36.4
河 北 Hebei	100.0	65.4	59.3	6.1	34.6
辽 宁 Liaoning	100.0	68.9	48.4	20.4	31.1
上 海 Shanghai	100.0	62.6	31.6	31.0	37.4
江 苏 Jiangsu	100.0	59.7	38.2	21.5	40.3
浙 江 Zhejiang	100.0	66.5	39.0	27.4	33.5
福 建 Fujian	100.0	59.4	45.1	14.2	40.6
山 东 Shandong	100.0	60.6	40.4	20.2	39.4
广 东 Guangdong	100.0	67.0	33.8	33.2	33.0
广 西 Guangxi	100.0	64.4	53.2	11.2	35.6
海 南 Hainan	100.0	71.7	46.0	25.7	28.3

主要统计指标解释

1. 海洋经济 是开发、利用和保护海洋的各类产业活动以及与之相关联活动的总和。

2. 海洋生产总值 是海洋经济生产总值的简称，指按市场价格计算的沿海地区常住单位在一定时期内海洋经济活动的最终成果，是海洋产业和海洋相关产业增加值之和。

3. 海洋产业 是开发、利用和保护海洋所进行的生产和服务活动，包括海洋渔业、海洋油气业、海洋矿业、海洋盐业、海洋化工业、海洋生物医药业、海洋电力业、海水利用业、海洋船舶工业、海洋工程建筑业、海洋交通运输业、滨海旅游业等主要海洋产业以及海洋科研教育管理服务业。

4. 海洋科研教育管理服务业 是开发、利用和保护海洋过程中所进行的科研、教育、管理及服务等活动，包括海洋信息服务业、海洋环境监测预报服务、海洋保险与社会保障业、海洋科学研究、海洋技术服务业、海洋地质勘查业、海洋环境保护业、海洋教育、海洋管理、海洋社会团体与国际组织等。

5. 海洋相关产业 是指以各种投入产出为联系纽带，与主要海洋产业构成技术经济联系的上下游产业，涉及海洋农林业、海洋设备制造业、涉海产品及材料制造业、涉海建筑与安装业、海洋批发与零售业、涉海服务业等。

6. 海洋三次产业 我国的海洋三次产业划分如下：

海洋第一产业：是指海洋渔业中的海洋水产品、海洋渔业服务业，以及海洋相关产业中属于第一产业范畴的部门。

海洋第二产业：是指海洋渔业中海洋水产品加工、海洋油气业、海洋矿业、海洋盐业、海洋化工业、海洋生物医药业、海洋电力业、海水利用业、海洋船舶工业、海洋工程建筑业，以及海洋相关产业中属于第二产业范畴的部门。

海洋第三产业：是指除海洋第一、第二产业以外的其他行业。第三产业包括海洋交通运输业、滨海旅游业、海洋科研教育管理服务业，以及海洋相关产业中属于第三产业范畴的部门。

7. 海洋渔业 包括海水养殖、海洋捕捞、海洋渔业服务业和海洋水产品加工等活动。

8. 海洋油气业 是指在海洋中勘探、开采、输送、加工原油和天然气的生产活动。

9. 海洋矿业 包括海滨砂矿、海滨土砂石与煤矿及深海矿物等的采选活动。

10. 海洋盐业 是指利用海水生产以氯化钠为主要成分的盐产品的活动，包括采盐和盐加工。

11. 海洋船舶工业 是指以金属或非金属为主要材料，制造海洋船舶、海上固定及浮动装置的活动，以及对海洋船舶的修理及拆卸活动。

12. 海洋化工业 包括海盐化工、海水化工、海藻化工及海洋石油化工的化工产品生产活动。

13. 海洋生物医药业 是指以海洋生物为原料或提取有效成分，进行海洋药品与海洋保健品的生产加工及制造活动。

14. 海洋工程建筑业 是指在海上、海底和海岸所进行的用于海洋生产、交通、娱乐、防护等用途的建筑工程施工及其准备活动；包括海港建筑、滨海电站建筑、海岸堤坝建筑、海洋隧道桥梁建筑、海上油气田陆地终端及处理设施建造、海底线路管道和设备安装，不包括各部门、各地区的房屋建筑及房屋装修工程。

15. 海洋电力业　是指在沿海地区利用海洋能、海洋风能进行的电力生产活动。不包括沿海地区的火力发电和核力发电。

16. 海水利用业　是指对海水的直接利用和海水淡化活动，包括利用海水进行淡水生产和将海水应用于工业冷却用水和城市生活用水、消防用水等活动，不包括海水化学资源综合利用活动。

17. 海洋交通运输业　是指以船舶为主要工具从事海洋运输以及为海洋运输提供服务的活动，包括远洋旅客运输、沿海旅客运输、远洋货物运输、沿海货物运输、水上运输辅助活动、管道运输业、装卸搬运及其他运输服务活动。

18. 滨海旅游业　是指以海岸带、海岛及海洋各种自然景观、人文景观为依托的旅游经营、服务活动, 主要包括：海洋观光游览、休闲娱乐、度假住宿、体育运动等活动。

Explanatory Notes on Main Statistical Indicators

1. Marine Economy　is the summation of various types of industrial activities for developing, utilizing and protecting the ocean as well as the activities associated with there.

2. Gross Ocean Product　is the short form of the gross output value of ocean economy, referring to the final result of marine economic activities of the permanent units in the coastal region within a given period calculated at the market price, and the sum total of the added values of the marine and marine-related industries.

3. Marine industry　refers to the production and service activities for developing, utilizing and protecting the ocean, including major marine industries such as marine fishery industry, offshore oil and gas industry, marine mining industry, sea salt industry, marine chemical industry, marine biomedicine industry, marine electric power industry, seawater utilization industry, marine shipbuilding industry, marine engineering construction industry, marine communications and transport industry, coastal tourism etc., as well as marine scientific research, education, management and service.

4. Marine Scientific Research, Education, Management and Service　refer to the activities of scientific research, education, management and service carried out in the process of developing, utilizing and protecting the ocean, including marine information service industry, marine environment monitoring and forecasting service, marine insurance and social security industry, marine scientific research, marine technological service industry, ocean geological prospecting industry, marine environmental protection industry, marine education, marine management, marine social groups and international organizations etc.

5. Marine-Related Industry　refers to the lower and upper reaches enterprises that form a technical and economic link with the major marine industries, with various inputs and outputs as ties, involving marine agriculture and forestry, marine equipment manufacturing, marine-related products and materials manufacturing industry, marine-related construction and installation industry, marine wholesale and retail industry, marine-related service industry etc.

6. Marine Three Industries Chinese marine three industries are divided as follows:

Marine primary industry: refers to the marine aquatic products and marine fishery service industry in the marine fishery as well as the sectors belonging to the primary industry category in the marine-related industries.

Marine secondary industry: refers to the marine aquatic products processing industry in the marine fishery, offshore oil as gas industry, marine mining industry, sea salt industry, marine chemical industry, marine biomedicine industry, marine electric power industry, seawater utilization industry, marine shipbuilding industry, marine engineering construction industry, as well as the sectors belonging to the category of secondary industry in the marine-related industries.

Marine tertiary Industry: refers to the industries other than the marine primary and secondary industries, including marine communications and transport industry, coastal tourism, marine scientific research, education, management and service industry as well as the sectors belonging to the category of tertiary industry in the marine-related industries.

7. Marine Fishery includes mariculture, marine fishing, marine fishery service industry and marine aquatic products processing, etc.

8. Offshore Oil and Gas Industry refers to the production activities of exploring, exploiting, transporting and processing crude oil and natural gas in the ocean.

9. Marine Mining Industry includes the activities of extracting and dressing beach placers, beach soil and sand, and coal mining and deep-sea mining, etc.

10. Sea Salt Industry refers to the activity of producing the salt products with the sodium chloride as the main component by utilizing seawater, including salt mining and processing.

11. Shipbuilding Industry refers to the activity of building ocean vessels, offshore fixed and floating equipment with metals or non-metals as main materials as well as repairing and dismantling ocean vessels.

12. Marine Chemical Industry includes the production activities of chemical products of sea salt, seawater, sea algal and marine petroleum chemical industries.

13. Marine Biomedicine Industry refers to the production, processing and manufacturing activities of marine medicines and marine health care products by using marine organisms as raw materials or extracting useful components therefrom.

14. Marine Engineering Construction Industry refers to the architectural projects construction and its preparations in the sea, at the sea bottom and seacoast for such uses as marine production, transportation, recreation, protection, etc., including constructions of seaports, coastal power stations, coastal dykes, marine tunnels and bridges, building of land terminals of offshore oil and gas fields as well as processing facilities, and installation of submarine pipelines and equipment, but not including the projects of house building and renovation.

15. Marine Electric Power Industry refers to the activities of generating electric power in the coastal region by making use of ocean energies and ocean wind energy. It does not include the thermal and nuclear power generation in the coastal area.

16. Seawater Utilization Industry refers to the activities of direct use of sea water and seawater desalination, including those of carrying out freshwater production and applying the seawater as water for industrial cooling, urban domestic water, water for fire fighting etc., but not including the activity of the multipurpose use of seawater chemical resources.

17. Marine Communications and Transport Industry refers to the activities of carrying out and serving the sea transportation with vessels as main vehicles, including ocean-going passengers transportation, coastal passengers transportation, ocean-going cargo transportation, coastal cargo transportation, auxiliary activities of water transportation, pipeline transportation, loading, unloading and transport as well as other transportation service activities.

18. Coastal Tourism refers to the tourist business and service activities with the backing of coastal zone, sea islands as well as a variety of natural and human landscapes of the ocean, mainly including marine sightseeing, living a life of leisure and recreation, going on vocation and getting accommodation, sports, etc.

3 主要海洋产业活动

Major Marine Industrial Activities

3-1 全国海水产品产量（按产品类别分）
Production of National Marine Products (by Product Category)

单位：吨 (t)

项 目 Item	2016	2017	2018
海水产品产量 Production of Marine Products	**33012620**	**33217376**	**33014303**
海水养殖产量 Mariculture Production	**19153079**	**20006973**	**20312206**
鱼类 Fish	1308917	1419389	1495088
甲壳类 Crustacea	1504168	1631185	1702911
贝类 Shellfish	13893716	14371304	14439302
藻类 Algae	2107060	2227838	2343871
其他 Others	339218	357257	331034
海洋捕捞产量 Marine Catches	**11872029**	**11124203**	**10444647**
鱼类 Fish	8208458	7652163	7162277
甲壳类 Crustacea	2181850	2075964	1979498
贝类 Shellfish	462482	442890	430403
藻类 Algae	23133	19976	18286
头足类 Cephalopoda	648348	616558	569944
其他 Others	347758	316652	284239
远洋渔业产量 Deep-sea Fishing Production	**1987512**	**2086200**	**2257450**

3-2 全国海水产品产量（按地区分）（2018年）
Production of National Marine Products (by Regions) (2018)

单位：吨 (t)

地 区 Region	海水产品产量 Production of Marine Products	海水养殖产量 Mariculture Production	海洋捕捞产量 Marine Catches	远洋渔业产量 Deep-sea Fishing Production
全国总计 National Total	**33014303**	**20312206**	**10444647**	**2257450**
北 京 Beijing	177639			177639
天 津 Tianjin	48695	7652	27002	14041
河 北 Hebei	767665	489836	212348	65481
辽 宁 Liaoning	3670133	2863634	524394	282105
上 海 Shanghai	166632		13739	152893
江 苏 Jiangsu	1408306	918327	475170	14809
浙 江 Zhejiang	4632465	1208973	2873946	549546
福 建 Fujian	6968161	4788297	1701208	478656
山 东 Shandong	7360685	5210855	1702291	447539
广 东 Guangdong	4491690	3167259	1271603	52828
广 西 Guangxi	1944161	1363182	559066	21913
海 南 Hainan	1378071	294191	1083880	

注：北京市远洋渔业产量包括中农发集团远洋渔业产量。

Note: Deep-sea Fishing Production of Beijing includes that of the China National Agricultural Development Group Co., Ltd.

3-3 沿海地区海洋原油产量
Output of Offshore Crude Oil by Coastal Regions

单位：万吨 (10000 t)

地区 Region	2016	2017	2018
合计 Total	**5161.88**	**4886.34**	**4806.96**
天津 Tianjin	2923.40	2757.68	2738.49
河北 Hebei	181.65	173.52	163.41
辽宁 Liaoning	54.92	55.51	54.63
上海 Shanghai	36.52	39.53	37.65
山东 Shandong	312.40	321.23	328.20
广东 Guangdong	1652.99	1538.87	1484.57

3-4 沿海地区海洋天然气产量
Output of Offshore Natural Gas by Coastal Regions

单位：万立方米 (10000 m^3)

地区 Region	2016	2017	2018
合计 Total	**1288604**	**1395462**	**1538464**
天津 Tianjin	271851	284305	308226
河北 Hebei	55899	46341	39108
辽宁 Liaoning	2278	1818	1520
上海 Shanghai	151140	154570	147148
山东 Shandong	10560	11126	11421
广东 Guangdong	796876	897302	1031041

3-5 海洋原油产量、出口量占全国比重
Proportion of Offshore Crude Oil Production and Export Volume in the National Total

单位：%　　　　(%)

年　份 Year	海洋原油产量 占全国原油产量比重 Proportion of Offshore Crude Oil Production in the National Total	海洋原油出口量占 全国原油出口量比重 Proportion of Offshore Crude Oil Export Volume in the National Total
2001	13.07	46.26
2002	14.40	54.95
2003	15.01	60.77
2004	16.16	83.37
2005	17.51	84.18
2006	17.54	89.53
2007	17.06	71.53
2008	17.96	76.46
2009	19.52	26.61
2010	23.27	24.38
2011	21.94	15.87
2012	21.42	12.43
2013	21.68	10.33
2014	21.82	0.00
2015	25.24	3.07
2016	25.85	
2017	25.52	
2018	25.42	

3-6 沿海地区海洋矿业产量
Output of Marine Mining Industry by Coastal Regions

单位：万吨 (10000 t)

地区 Region	2016	2017	2018
合计 Total	**4746.1**	**4987.2**	**3305.3**
浙江 Zhejiang	2324.7	2844.8	1071.7
福建 Fujian	1299.4	1398.5	1463.9
山东 Shandong	788.5	643.9	689.6
广西 Guangxi	333.5	100.0	80.0

注：数据为沿海地区部分海洋矿业生产汇总数据。

Note: The data are collected from the production of part of the marine mining industry in the coastal region.

3-7 沿海地区海盐产量
Output of Sea Salt by Coastal Regions

单位：万吨 (10000 t)

地 区 Region	2016	2017	2018
合 计 **Total**	**774.2**	**660.0**	**2094.5**
天 津 Tianjin	202.7	182.3	188.7
河 北 Hebei	351.6	329.6	377.7
辽 宁 Liaoning	102.9		
江 苏 Jiangsu	72.1	104.2	106.8
浙 江 Zhejiang	6.4	5.5	0.5
福 建 Fujian	26.3	26.2	29.1
山 东 Shandong			1381.9
广 东 Guangdong	4.4	5.2	3.6
广 西 Guangxi	0.1	0.0	0.0
海 南 Hainan	7.7	7.0	4.9

注：数据为沿海地区汇总数据。

Note: The data are collected from the coastal regions.

3-8 沿海地区海洋化工产品产量
Output of Marine Chemical Products by Coastal Regions

单位：吨 (t)

地 区 Region	2016	2017	2018
合 计 Total	**8387237**	**14518324**	**15896461**
天 津 Tianjin		2395434	2460804
辽 宁 Liaoning	1143038	1595524	887079
江 苏 Jiangsu	383785	582901	1126881
浙 江 Zhejiang	957571	1025321	6095197
福 建 Fujian	409581	2353168	
山 东 Shandong	5493262	4883815	3567091
海 南 Hainan		1682161	1759408

注：数据为沿海地区部分海洋化工企业产品汇总数据。

Note: The data are collected from the products of part of the chemical enterprises in the coastal regions.

3-9 沿海地区海洋生物医药产品产量（2018年）
Production of the Marine Biomedicine Industry by Coastal Regions (2018)

产品名称 Name	计量单位 Unit	产品产量 Output
维生素AD软胶囊 Vitamin AD Capsule	万粒 10000 pellets	53320
维生素E软胶囊 Vitamin E Capsule	万粒 10000 pellets	35187
维生素AD滴剂胶囊 Vitamin AD Drips,Capsule	万粒 10000 pellets	10265
维生素D3 Vitamin D3 Capsule	吨 t	510
辅酶Q10胶囊 Co Q10 Capsule	万粒 10000 pellets	881
螺旋藻 Spirulina	吨 t	2562
螺旋藻胶囊 Spirulina Capsule	万粒 10000 pellets	4941
海藻酸 Alginate	吨 t	98
海藻酸钠 Sodium Alginate	吨 t	257
藻蓝蛋白 Phycocyanin	吨 t	15
藻红蛋白 Phycoerythrin	吨 t	10
藻酸双酯钠片 Sodium Alginate Tablet	万粒 10000 pellets	14052
氨糖美辛片 Glucosamine Indomethacin Tablet	万粒 10000 pellets	285
氨基葡萄糖盐酸盐 Glucosamine Hydrochloride	吨 t	333
氨基酸系列 Amino Acid Series	千克 kg	5571
L-叔亮氨酸 L-text-Leucine	千克 kg	30
L-4-羟脯氨酸 L-4-Hydroxy Proline	千克 kg	30
N-乙酰-B-D-氨基葡萄糖苷酶 N-Acelyl-B-D-Glucosaminidase	盒 boxes	584
岩藻糖苷酶检测试剂盒 Fucosidase Detection Kit	升 L	3012
内毒素检测鲎试剂盒(动态浊度法) Endotoxin Test kit (Dynamic Turbidimetric method)	万盒 10000 boxes	2
糖化白蛋白检测试剂盒 Glycosylated Albumin Detection Kit	升 L	468
卡拉胶 Carrageenan	吨 t	4618
甲壳素 Chitin	吨 t	824
虾青素（油和粉）Astaxanthin (Oil & Powder)	千克 kg	8433
三维鱼肝油乳 Three Dimensional Cod Liver Oil Emulsion	万瓶 10000 bottles	91
复方银耳鱼肝油乳 Compound *Tremelalla Fucifomis* Cod Liver Oil Emulsion	万瓶 10000 bottles	12
鱼肝油乳 Cod Live Oil Emulsion	万瓶 10000 bottles	121
鱼肝油 Cod Liver Oil	万瓶 10000 bottles	9
鱼粉 Fish Meal	吨 t	59299
鱼溶浆 Fish Dissolving Pulp	吨 t	5948
鱼油 Fish Oil	吨 t	3926
浓缩鱼油 Concentrated Fish Oil	吨 t	2220

注：数据为沿海地区部分海洋生物医药产品汇总数据。

Note: The data are collected from the products of part of the marine biomedicine enterprises in the coastal regions.

3-9 续表 continued

产品名称 Name	计量单位 Unit	产品产量 Output
深海鱼胶原蛋白粉 Deep Sea Fish Collagen Powder	万罐 10000 cans	1
鱼油软胶囊 Fish Oil Soft Capsule	万粒 10000 pellets	60106
精制鱼油 Refined Fish Oil	千克 kg	911605
蚝贝钙片 Oyster Shell Calcium Tablet	万粒 10000 pellets	47890
海珠喘息定片 Haizhu Panting Tablet	万粒 10000 pellets	19755
麝珠明目滴眼液 Shezhu Eyesight-improving Eye Drop	万支 10000 branches	214
海浮石 Bryozoatum	千克 kg	400
煅珍珠母 Calcined Mother-of-Pearl	千克 kg	2872
珍珠母 Mother-of-pearl	千克 kg	50
海螵蛸 Cuttle Bone	千克 kg	8137
炒海螵蛸 Stir Fried Cuttlebone	吨 t	1
煅瓦楞子 Calcined Concha Arcea	千克 kg	4629
煅石决明 Calcined Concha Haliotis dis	吨 t	1
石决明 Conca Haliotidis	吨 t	1
煅牡蛎 Calcined Oyster	千克 kg	9936
牡蛎 Oyster	千克 kg	9549
牡蛎碳酸钙片 Oyster Calcium Carbonate Tablet	盒 boxes	7680
牡蛎碳酸钙胶囊 Oyster Calcium Carbonate Capsule	盒 boxes	9280
煅蛤壳 Calcined Clam Shell	千克 kg	544
昆布 Kelp	千克 kg	1988
海马 Sea Horse	千克 kg	10
补肾宁片 Kidney Tonifying Tablet	万粒 10000 pellets	1248
快胃片 Kuaiwei Tablet (Tabellae Stomachicus)	盒 boxes	1268933
海龙蛤蚧口服液 Hailong Gecko Oral Liquid	盒 boxes	45472
宫瘤消胶囊 Uterine Tumor Elimination Capsule	千克 kg	898077
消乳散结胶囊 Milk Circulating and Anticaking Capsule	千克 kg	4456758
珍牡肾骨胶囊 Mother-of-Pearl and Oyster Bone-Strengthening Capsule	吨 t	30
空心胶囊 Hollow Capsule	万粒 10000 pellets	304409
原料药碘 Drug Substance Iodine	吨 t	20
脑元神软胶囊 Brain Vitality Soft Capsule	万粒 10000 pellets	199
海洋多糖 Marine Polysaccharide	千克 kg	33000
低聚肽粉固体饮料 Oligopeptide Solid Beverage	盒 boxes	1020
伤科接骨片 Bonesetting Tablet	吨 t	249
媚灵丸 Mei Ling Pill	万盒 10000 boxes	4
珍珠护肤品Peal Skin Care Product		

3-10 分地区海船完工量（2018年）
Marine Shipbuilding Completions by Regions (2018)

部门和地区 Sector and Region	海船完工量 Marine Shipbuilding Completions	
	艘 (unit)	万载重吨 (10000 DWT)
合　计　**Total**	**934**	**3484.5**
其　中: Including:		
中船工业集团有限公司 CSSC	123	896.7
中船重工集团有限公司 CSIC	96	626.2
按地区分: by Regions:		
天　津 Tianjin	2	7.4
辽　宁 Liaoning	54	458.6
上　海 Shanghai	49	640.5
江　苏 Jiangsu	208	1479.9
浙　江 Zhejiang	301	278.3
安　徽 Anhui	17	9.0
福　建 Fujian	31	38.9
江　西 Jiangxi	5	0.3
山　东 Shandong	89	323.7
湖　北 Hubei	17	16.6
广　东 Guangdong	123	222.0
广　西 Guangxi	21	0.4
重　庆 Chongqing	17	8.9

3-11 沿海地区海洋货物运输量和周转量（2018年）
Volume of Maritime Goods Transported and Turnover by Coastal Regions (2018)

单位：万吨，亿吨・千米 (10000 t, 100 million t-km)

地 区 Region	海洋货运量 Volume of Maritime Goods Transported	远 洋 Oceangoing	海洋货物周转量 Volume of Maritime Goods Turnover	远 洋 Oceangoing
合 计 Total	**328382**	**76969**	**83687**	**51927**
天 津 Tianjin	8109	57	1303	18
河 北 Hebei	3352	57	491	8
辽 宁 Liaoning	13918	6173	6318	5694
上 海 Shanghai	64623	28213	27945	23019
江 苏 Jiangsu	24930	4386	4059	1822
浙 江 Zhejiang	75715	1644	8979	559
福 建 Fujian	34262	1245	6194	447
山 东 Shandong	13145	1884	1641	895
广 东 Guangdong	60145	32103	23534	19144
广 西 Guangxi	7015	599	822	31
海 南 Hainan	8921	182	774	40
其 他 Others	14247	426	1628	248

3-12 沿海地区海洋旅客运输量和周转量（2018年）
Volume of Maritime Passenger Traffic and Turnover by Coastal Regions (2018)

单位：万人，亿人·千米　　(10000 persons, 100 million person-km)

地　区 Region	海洋客运量 Maritime Passenger Traffic		海洋旅客周转量 Maritime Passenger Turnover Volume	
		远　洋 Oceangoing		远　洋 Oceangoing
合　计 Total	**11793**	**1180**	**44.8**	**13.4**
天　津 Tianjin	2	0	0.0	0.0
河　北 Hebei	2	2	0.2	0.2
辽　宁 Liaoning	566	10	6.0	0.5
上　海 Shanghai	427	0	0.8	0.1
江　苏 Jiangsu	17	17	1.3	1.3
浙　江 Zhejiang	3265	0	5.2	0.0
福　建 Fujian	1681	144	2.4	0.8
山　东 Shandong	1472	98	12.5	4.5
广　东 Guangdong	2339	910	10.2	6.1
广　西 Guangxi	369	0	1.9	0.0
海　南 Hainan	1654	0	4.1	0.0

3-13 沿海港口客货吞吐量（2018年）
Volume of Passenger and Freight Handled at Coastal Seaports (2018)

单位：万吨，万人 (10000 t, 10000 persons)

地 区 Region	货物吞吐量 Cargo Handled	外 贸 Foreign Trade	旅客吞吐量 Passenger Throughput	离 港 Leaving
合 计 **Total**	**946321**	**374447**	**8835**	**4485**
天 津 Tianjin	50774	27629	76	38
河 北 Hebei	115599	32097	2	1
辽 宁 Liaoning	112176	29884	604	304
上 海 Shanghai	68392	40206	315	158
江 苏 Jiangsu	31251	13685	19	10
浙 江 Zhejiang	133534	51835	630	314
福 建 Fujian	55807	21024	899	455
山 东 Shandong	161512	84785	1461	727
广 东 Guangdong	175007	57066	3275	1686
广 西 Guangxi	23986	13027	28	14
海 南 Hainan	18282	3207	1524	779

3-14 沿海港口国际标准集装箱吞吐量
International Standardized Containers Handled at Coastal Seaports

单位：万标准箱，万吨 (10000 TEU, 10000 t)

地 区 Region	2016		2017		2018	
	箱 数 Number of Containers	重 量 Weight	箱 数 Number of Containers	重 量 Weight	箱 数 Number of Containers	重 量 Weight
合 计 Total	**19590**	**228980**	**21099**	**246735**	**22203**	**259106**
天 津 Tianjin	1452	15691	1507	16444	1601	17337
河 北 Hebei	305	4202	374	4984	426	5785
辽 宁 Liaoning	1880	31725	1950	33019	1926	31646
上 海 Shanghai	3713	36736	4023	39759	4201	41126
江 苏 Jiangsu	490	4991	492	4902	494	4916
浙 江 Zhejiang	2362	24439	2687	27638	2898	29339
福 建 Fujian	1440	18655	1565	20192	1647	21980
山 东 Shandong	2509	29090	2560	29567	2765	31902
广 东 Guangdong	5094	57124	5504	62130	5714	65007
广 西 Guangxi	179	3335	228	4414	290	5835
海 南 Hainan	165	2991	209	3685	240	4234

3-15 沿海城市国内旅游人数
Domestic Visitors by Coastal Cities

单位：万人·次　　　(10000 person-times)

城　市	City	2015	2016	2017
合　计	**Total**	**208504**		**294200**
天　津	**Tianjin**	**17059**	**12036**	**20769**
河　北	**Hebei**	**7805**		**12644**
唐　山	Tangshan	3399	4469	5591
秦皇岛	Qinhuangdao	3344	4189	5224
沧　州	Cangzhou	1062		1829
辽　宁	**Liaoning**	**18348**	**20723**	**23097**
大　连	Dalian	6828	7634	8410
丹　东	Dandong	3528	4015	4534
锦　州	Jinzhou	2070	2347	2621
营　口	Yingkou	2105	2400	2676
盘　锦	Panjin	1993	2262	2625
葫芦岛	Huludao	1824	2065	2231
上　海	**Shanghai**	**27569**	**29621**	**32845**
江　苏	**Jiangsu**	**8336**	**9377**	**10558**
南　通	Nantong	3387	3792	4247
连云港	Lianyungang	2683	3011	3384
盐　城	Yancheng	2266	2574	2927
浙　江	**Zhejiang**	**52312**	**61318**	**71946**
杭　州	Hangzhou	12040	13696	15884
宁　波	Ningbo	7920	9198	10910
温　州	Wenzhou	7576	8824	10237
嘉　兴	Jiaxing	6310	7823	9143
绍　兴	Shaoxing	7203	8288	9541
舟　山	Zhoushan	3844	4577	5473
台　州	Taizhou	7419	8912	10758
福　建	**Fujian**	**18769**	**21826**	**28032**
福　州	Fuzhou	4823	5414	6606
厦　门	Xiamen	4267	4904	7444
莆　田	Putian	1949	2316	2796
泉　州	Quanzhou	3705	4380	5329
漳　州	Zhangzhou	2190	2606	3208
宁　德	Ningde	1835	2206	2649

注：数据来源于《中国省市经济发展年鉴》。

Note: The data come from the *China Provinces and Cities Economy Development Yearbook.*

3-15 续表 continued

城　市 City		2015	2016	2017
山　东	**Shandong**	**28879**		**34628**
青　岛	Qingdao	7322		8672
东　营	Dongying	1378		1667
烟　台	Yantai	5942		7094
潍　坊	Weifang	5578		6771
威　海	Weihai	3542		4263
日　照	Rizhao	3727		4470
滨　州	Binzhou	1390		1691
广　东	**Guangdong**	**24331**	**26911**	**47857**
广　州	Guangzhou	4854	5079	5375
深　圳	Shenzhen	4157	4525	9825
珠　海	Zhuhai	1709	1909	3481
汕　头	Shantou	1426	1605	3247
江　门	Jiangmen	1543	1778	5204
湛　江	Zhanjiang	1730	1912	4306
茂　名	Maoming	708	840	1092
惠　州	Huizhou	1644	1805	2000
汕　尾	Shanwei	724	785	839
阳　江	Yangjiang	1024	1169	1311
东　莞	Dongguan	1624	1754	3738
中　山	Zhongshan	927	1056	1267
潮　州	Chaozhou	859	1016	1463
揭　阳	Jieyang	1402	1678	4709
广　西	**Guangxi**	**2423**	**5843**	**7650**
北　海	Beihai		2473	3070
防城港	Fangchenggang	1346	1569	2016
钦　州	Qinzhou	1077	1801	2564
海　南	**Hainan**	**2673**	**2923**	**4174**
海　口	Haikou	1213	1316	2410
三　亚	Sanya	1460	1607	1762
三　沙	Sansha			2

3-16 主要沿海城市接待入境游客人数
Number of Inbound Tourists Received by Major Coastal Cities

单位：人·次 (person-time)

城　市	City	2016	2017	2018
合　计	**Total**	**44374540**	**47585633**	**45745849**
天　津	Tianjin	824313	792094	589644
秦皇岛	Qinhuangdao	145700	153307	164910
大　连	Dalian	1044100	1063938	1103100
上　海	Shanghai	6904270	7193302	7420398
南　通	Nantong	180156	185745	195230
连云港	Lianyungang	22624	26140	28936
杭　州	Hangzhou	1580900	2040369	1071638
宁　波	Ningbo	829045	890726	840102
温　州	Wenzhou	531212	585735	555291
福　州	Fuzhou	1066910	1290575	1344660
厦　门	Xiamen	2313099	2517280	1656939
泉　州	Quanzhou	1250778	1383202	1014560
漳　州	Zhangzhou	554700	610788	339346
青　岛	Qingdao	928297	1216971	1308635
烟　台	Yantai	408522	619339	614552
威　海	Weihai	330243	414427	376604
广　州	Guangzhou	8618800	9004800	9006262
深　圳	Shenzhen	11711700	12070100	12170845
珠　海	Zhuhai	3172300	3182500	3259694
汕　头	Shantou	243900	291000	337784
湛　江	Zhanjiang	370500	372100	425728
中　山	Zhongshan	621600	661100	782893
北　海	Beihai	135536	145410	160644
海　口	Haikou	136478	181887	261296
三　亚	Sanya	448857	692798	716158

3-17 主要沿海城市接待入境游客情况（2018年）

Breakdown of Inbound Tourists Received by Major Coastal Cities (2018)

单位：人·次，人·天 (person-time, night)

城市 City		外国人 Foreigners		香港同胞 Hong Kong Compatriots	
		人次数 Arrivals	人天数 Nights	人次数 Arrivals	人天数 Nights
天津	Tianjin	559261	3731637	13180	23226
秦皇岛	Qinhuangdao	149415	979410	7193	40023
大连	Dalian	937873	1803717	78968	146163
上海	Shanghai	6019901	22273634	547084	1914794
南通	Nantong	160794	464283	6832	15347
连云港	Lianyungang	23780	77320	996	2074
杭州	Hangzhou	772209	2203290	105311	237342
宁波	Ningbo	651812	1471240	74300	157363
温州	Wenzhou	415276	958930	40954	88875
福州	Fuzhou	749300	2495395	150733	464770
厦门	Xiamen	791828	2256888	199363	443750
泉州	Quanzhou	341413	1064282	469046	1184860
漳州	Zhangzhou	117417	248919	82225	172841
青岛	Qingdao	973867	3129677	139714	412904
烟台	Yantai	489060	1902366	36440	143310
威海	Weihai	340350	1117194	4745	13825
广州	Guangzhou	3401275	11564335	4418983	11300450
深圳	Shenzhen	1698271	3987434	10030787	22234844
珠海	Zhuhai	526605	1316513	1163093	2093567
汕头	Shantou	178933	569007	142953	413134
湛江	Zhanjiang	241278	481128	150094	253795
中山	Zhongshan	140641	378606	504917	1186946
北海	Beihai	89796	182481	41661	62502
海口	Haikou	159394	252992	30864	48459
三亚	Sanya	551874	2178445	73365	173594

3-17 续表 continued

城　市 City		澳门同胞 Macao Compatriots		台湾同胞 Taiwan Compatriots	
		人次数 Arrivals	人天数 Nights	人次数 Arrivals	人天数 Nights
天　津	Tianjin	2033	3132	15170	28097
秦皇岛	Qinhuangdao	299	1801	8003	43926
大　连	Dalian	2406	5376	83853	147987
上　海	Shanghai	33430	110319	819983	3115935
南　通	Nantong	457	969	27147	87335
连云港	Lianyungang	45	94	4115	17264
杭　州	Hangzhou	11233	26500	182886	391250
宁　波	Ningbo	22317	50135	91672	185811
温　州	Wenzhou	15580	60675	83481	177313
福　州	Fuzhou	46942	123784	397685	1004523
厦　门	Xiamen	11183	24867	654565	1492371
泉　州	Quanzhou	58685	128284	145416	440813
漳　州	Zhangzhou	14351	28374	125353	262274
青　岛	Qingdao	46754	125010	148300	427316
烟　台	Yantai	19242	65116	69810	243365
威　海	Weihai	1246	3640	30263	84148
广　州	Guangzhou	549599	1511259	636405	1790422
深　圳	Shenzhen	63114	146411	378673	992326
珠　海	Zhuhai	936867	1780047	633129	1519510
汕　头	Shantou	1644	5047	14254	44615
湛　江	Zhanjiang	11443	24883	22913	51498
中　山	Zhongshan	81499	169296	55836	153111
北　海	Beihai	11262	20360	17925	30350
海　口	Haikou	3007	4635	68031	104638
三　亚	Sanya	6987	16030	83932	184780

主要统计指标解释

1. 海洋捕捞产量　凡是从海洋里捕捞的天然生长的水产品产量为海洋捕捞产量。

2. 海水养殖产量　凡是从人工投放苗种或天然纳苗并进行人工饲养管理的海水养殖水域中捕捞的水产品产量为海水养殖产量。

3. 远洋渔业产量　由各远洋渔业企业和各生产单位按我国远洋渔业项目管理办法组织的远洋渔船（队）在非我国管辖海域（外国专属经济区水域或公海）捕捞的水产品产量。中外合资、合作渔船捕捞的水产品只统计按协议应属于中方所有的部分。

4. 原油产量　是按净原油量来计算的，能直接用于销售和生产自用的原油量。目前海洋石油系统原油产量计算方法采用倒算法。

原油产量=销售量+期末库存量-期初库存量+海上平台及陆地终端处理厂自用量

5. 天然气产量　指进入集输管网的销售量和就地利用的全部气量。

天然气产量=外输（销）量+企业自用量

6. 造船综合吨　等于以计量单位载重吨和满载排水量吨的民用船舶的吨位数之和。

7. 货运量　指经船舶实际运送的货物重量。

8. 货物周转量　指实际运送的货物与其运送距离的乘积。

9. 旅客周转量　指实际运送的旅客人数与其运送距离的乘积。

10. 接待人次数　指报告期内我国接待游客人数。游客按出游地分为入境游客和国内游客，按出游时间分为旅游者（过夜游客）和一日游游客（不过夜游客）。

11. 接待人天数　指过夜旅游者的停留天数。

12. 外国人　指外国国籍的人，加入外籍的中国血统华人也计入外国人。

13. 港澳台同胞　指居住在我国香港特别行政区、澳门特别行政区和台湾省的中国同胞。

Explanatory Notes on Main Statistical Indicators

1. Marine Catches　refers to the output of the naturally growing aquatic products caught from the sea.

2. Mariculture Production　refers to the output of aquatic products whose young are artificially released or naturally collected, and raised and managed artificially, and which are caught from the waters of mariculture.

3. Deep-Sea Fishing Production　refers to the output of aquatic products caught in the non-Chinese jurisdictional sea areas (foreign EEE or high sea) by the distant fishing vessels (fleet) organized by various distant fishing businesses and production units according to the management measures for the China distant fishing projects. The aquatic products caught by the Chinese-foreign joint ventures' and cooperative fishing vessels are counted only for the part owned by the Chinese side according to the agreement.

4. Output of Crude Oil is calculated on the basis of the net amount of crude oil, i.e., the amount of crude oil that may be directly used for sale and for the production itself.

Output of crude oil = Volume of sales + Inventory at the end of the period - Inventory at the beginning of the period +Amount for self-use on the platforms and in the terminal processing plants on land.

5. Output of Natural Gas refers to the total gas volume of the sales volume entering the oil collecting and transport pipeline network and that used locally.

Output of natural gas = Volume of sales or transport to other areas + Volume used by the enterprise itself

6. Comprehensive Tonnages of Shipbuilding refers to the sum of tonnage of civilian vessels with the deadweight capacity and full-load displacement as measured.

7. Freight Traffic refers to the weight of cargoes actually transported by vessels.

8. Cargoes Turnover Volume refers to the product of the actually transported cargoes and the transport distance.

9. Passenger Turnover Volume refers to the product of the number of passengers actually transported and the shipping distance.

10. Number of Person-Times Received refers to the number of visitors received by China in the period reported. Visitors are divided into inbound visitors and domestic visitors by origin of the travel, and tourists (overnight visitors) and one-day visitors (non overnight visitors) by their length of stay.

11. Number of the Days of Stay refers to the number of the days of stay of tourists.

12. Foreigners refers to the people with foreign nationality, including foreign nationals of Chinese descent.

13. Compatriots from Hong Kong, Macao and Taiwan Province refer to the Chinese compatriots living in the Hong Kong Special Administrative Region, the Macao Special Administrative Region and Taiwan Province.

4

主要海洋产业生产能力

Production Capacity of Major Marine Industries

4-1 沿海地区海水养殖面积
Mariculture Area by Coastal Regions

单位：公顷 (hm²)

地 区 Region	2016	2017	2018
合 计 Total	**2166720**	**2084076**	**2043069**
天 津 Tianjin	3193	3206	2759
河 北 Hebei	115416	107583	111404
辽 宁 Liaoning	769304	698400	693190
上 海 Shanghai			
江 苏 Jiangsu	185280	192390	186641
浙 江 Zhejiang	88816	75954	80924
福 建 Fujian	174554	155739	162464
山 东 Shandong	561549	610377	570857
广 东 Guangdong	196065	161690	165614
广 西 Guangxi	54720	47022	47844
海 南 Hainan	17823	31715	21372

注：数据来源于《2019中国渔业统计年鉴》。

Note: The data come from the *China Fishery Statistical Year Book 2019* .

4-2 海洋油气勘探情况（2018年）
Exploration of Offshore Oil and Gas (2018)

地　区 Region	地震测线 Seismic Line		钻井（口） Drilling (well)	
	二维 （千米） Two Dimensions (km)	三维 （平方千米） Three Dimensions (km^2)	预探井 Wildcat Wells	评价井 Appraisal Wells
合　计 Total	**11534**	**14653**	**88**	**124**
天　津 Tianjin		776	28	68
其中：合作 Including: Cooperative				1
河　北 Hebei			10	7
辽　宁 Liaoning			1	
上　海 Shanghai	2518	914	4	2
山　东 Shandong			4	9
广　东 Guangdong	9016	12963	41	38
其中：合作 Including: Cooperative	2199	835	5	4

4-3 沿海地区盐田面积和海盐生产能力
Salt Pan Area and Sea Salt Production Capacity by Coastal Regions

地 区 Region	盐田总面积（公顷） Total Area of Salt Pan (hm^2)		生产面积（公顷） Production Area (hm^2)		年末海盐生产能力（万吨） Year-End Capacity of Sea Salt Production (10000 t)	
	2017	2018	2017	2018	2017	2018
合 计 Total	**129279**	**222259**	**93745**	**147454**	**678**	**2484**
天 津 Tianjin	26335	26300	23668	23604	161	161
河 北 Hebei	64840	57400	54910	53900	342	377
辽 宁 Liaoning						
江 苏 Jiangsu	28128	28128	6616	6596	120	120
浙 江 Zhejiang	846	846	769	307	3	
福 建 Fujian	3998	5070	3596	3940	28	30
山 东 Shandong		98973		55159		1781
广 东 Guangdong	2130	2130	1538	1538	7	6
海 南 Hainan	3002	3412	2648	2411	17	7

4-4 海上风电项目情况（2018年）
Projects of Offshore Wind Power (2018)

地 区 Region	海上风电新增项目情况 New Offshore Wind Power Projects		海上风电累计项目情况 Installed Offshore Wind Power Projects	
	新增装机数量（台） New Installed Number (unit)	新增装机容量（兆瓦） New Installed Capacity (MW)	累计装机数量（台） Cumulative Installed Number (unit)	累计装机容量（兆瓦） Cumulative Installed Capacity (MW)
合 计 Total	**454**	**1744.9**	**1259**	**4532.5**
天 津 Tianjin	18	90.0	36	117.0
河 北 Hebei	31	124.0	40	160.0
辽 宁 Liaoning	26	92.1	29	99.6
上 海 Shanghai	25	100.0	115	405.0
江 苏 Jiangsu	259	958.4	883	3129.0
浙 江 Zhejiang	39	156.0	50	200.0
福 建 Fujian	34	153.4	64	289.4
山 东 Shandong	0	0.0	4	15.0
广 东 Guangdong	22	71.0	38	117.5

4-5 主要海洋能电站分布情况
Distribution of Major Ocean Power Stations

电站名称 Name	运行情况 Status of Operation	装机容量（千瓦） Installed Capacity (kW)
LHD潮流能电站 LHD Tidal Power Station	2016年3月开始建行，2016年8月并网 It began construction in March 2016, was put into use in August 2016	1700
岳浦潮汐电站 Yuepu Tidal Power Station	1970年开始建造，1978年停止运行 It began construction in 1970, and stopped power generation in 1978	300
白沙口潮汐电站 Baishakou Tidal Power Station	1970年开始建造，1978年投入使用，2010年停止运行 It began construction in 1970, was put into use in 1978, and stopped power generation in 2010	960
海山潮汐电站 Haishan Tidal Power Station	1972年开始建造，1975年投入使用，运行至今 It began construction in 1972, was put into use in 1975, and has been in operation so far	250
江厦潮汐试验电站 Jiangxia Experimental Tidal Power Station	1972年开始建造，1980年投入使用，运行至今 It began construction in 1972, was put into use in 1980, and has been in operation so far	4100

4-6 主要海上活动船舶（2018年）
Major Vessels Operating on the Sea (2018)

类别 Type	艘数（艘） Number of Vessels (unit)	总吨（万吨） Gross Tonnage (10000 t)	净载重量（万吨） Net Weight Tonnage (10000 t)	载客量（客位） Passenger Capacity (seat)	总功率（千瓦） Total Power (kW)
海洋机动渔船（生产渔船） Marine Motor Fishing Vessels (Production Fishing Vessels)	221070	812.4			14744373
#远洋渔船 Ocean-going Fishing Vessels	2654				2740326
海洋油气船舶 Offshore Oil and Gas Vessels	243	418.9	378.1	15556	1988056
钻井平台 Drilling Vessels	54	65.3	19.3	6870	634589
物探船 Physical Exploration Vessels	14	7.2	7.2	836	70674
其他 Others	175	346.4	351.7	7850	1282793
海洋运输船舶 Marine Transport Vessels	12630		12199.8	247433	34821695
沿海 Coastal	10379		6885.1	226793	20401853
远洋 Ocean-going	2251		5314.7	20640	14419842
海洋调查船 Marine Research Vessels					
中国科学院 Chinese Academy of Sciences	10	2.1	1.1	393	37084
自然资源部 Ministry of Natural Resources of the PRC	33	8.8			

4-7 沿海主要港口生产用码头泊位（2018年）
Berths for Productive Use at the Main Coastal Seaports (2018)

单位：米, 个 (m, unit)

港口 Seaport		码头长度 Wharf Length	泊位个数 Number of Berths	万吨级 10000 Tons Class
合 计	**Total**	**814337**	**5302**	**1942**
丹 东	Dandong	7626	42	25
大 连	Dalian	41101	223	104
营 口	Yingkou	18975	86	61
锦 州	Jinzhou	6119	23	21
秦皇岛	Qinhuangdao	15928	72	44
黄 骅	Huanghua	10107	41	35
唐 山	Tangshan	30849	114	111
天 津	Tianjin	36783	145	120
烟 台	Yantai	33474	197	91
威 海	Weihai	15188	94	33
青 岛	Qingdao	29308	122	85
日 照	Rizhao	18897	74	64
上 海	Shanghai	75410	573	181
连云港	Lianyungang	16337	71	59
盐 城	Yancheng	9169	80	18
嘉 兴	Jiaxing	12068	100	35
宁波舟山	Ningbo Zhoushan	92503	619	178
台 州	Taizhou	14401	192	9
温 州	Wenzhou	16785	198	20

4-7 续表 continued

港口 Seaport		码头长度 Wharf Length	泊位个数 Number of Berths	万吨级 10000 Tons Class
福州	Fuzhou	28015	194	62
莆田	Putian	6194	40	14
泉州	Quanzhou	15464	94	25
厦门	Xiamen	30222	154	80
汕头	Shantou	9952	86	19
汕尾	Shanwei	1813	14	3
惠州	Huizhou	9748	43	21
深圳	Shenzhen	31207	142	74
虎门	Humen	16959	114	33
广州	Guangzhou	50463	488	73
中山	Zhongshan	2513	35	0
珠海	Zhuhai	19194	156	28
江门	Jiangmen	11783	143	5
阳江	Yangjiang	2232	10	9
茂名	Maoming	2384	16	9
湛江	Zhanjiang	16353	119	36
北部湾港	Beibuwan	37973	265	88
海口	Haikou	9676	69	34
洋浦	Yangpu	8676	42	26
八所	Basuo	2488	12	9

4-8 沿海地区星级饭店基本情况（2018年）
Star Grade Hotels and Occupancies by Coastal Regions (2018)

地　区 Region	饭店数（座） Number of Hotels (unit)	客房数（间） Number of Rooms (unit)	床位数（张） Number of Beds (unit)	客房出租率（%） Room Occupancy (%)
合　计　Total	**3898**	**683418**	**1128007**	
天　津　Tianjin	75	13796	22083	54.06
河　北　Hebei	305	44826	79157	48.13
辽　宁　Liaoning	343	43450	76302	49.18
上　海　Shanghai	203	55635	83190	67.05
江　苏　Jiangsu	481	75671	121484	60.36
浙　江　Zhejiang	548	95310	153266	58.25
福　建　Fujian	301	52633	90451	59.50
山　东　Shandong	544	79481	141531	52.97
广　东　Guangdong	598	151422	236215	58.31
广　西　Guangxi	386	46959	82909	54.71
海　南　Hainan	114	24235	41419	60.86

主要统计指标解释

1. 海水养殖面积　是指利用天然海水用于养殖水产品的水面面积，包括海上养殖、滩涂养殖、其他养殖。在报告期内无论是否全部收获或尚未收获其产品，均应统计在海水养殖面积中。但有些滩涂、水面不投放苗种或投放少量苗种，只进行一般管理的，不统计为养殖面积。

2. 盐田总面积　指盐田占有的全部面积。包括储卤、蒸发、保卤、结晶面积、滩内的沟、壕、池、埝、滩坨等面积及滩外的沟、壕、公路及杂地面积。

3. 盐田生产面积　指直接提供给海盐生产的面积，包括结晶面积、蒸发面积、保卤面积，滩内的沟、壕、池、埝面积及滩坨面积。

4. 年末海盐生产能力　指年末企业生产原盐的全部设备的综合平衡能力。海盐生产露天作业，受天气影响，因而计算生产能力时，成熟滩田按 10 年实际平均单位生产面积产量乘以本年成熟滩田生产面积而得，新滩田按设计能力及滩田成熟程度可能达到的产量计算。

5. 海洋机动渔船　是指配置机器作为动力的从事海洋渔业生产和辅助渔业生产的船舶。

6. 远洋渔船　按我国远洋渔业项目管理办法在非我国管辖海域（外国专属经济区水域或公海）进行常年或季节性生产的渔船。

7. 泊位个数　是指设有系靠船舶设施，在同一时间内可供靠泊最大吨级船舶的艘数。即可靠泊一艘船舶，则计为一个泊位，余类推。泊位分码头泊位和浮筒泊位。

8. 客房数　指饭店实际可用于接待旅游者的房间数。

9. 床位数　指饭店实际可用于接待旅游者的床位数。

Explanatory Notes on Main Statistical Indicators

1. Mariculture Area　refers to the area of the water surface where aquatic products are cultivated by using natural seawater, including maritime culture, tidal flat culture and other cultures. Whether or not all the products in the area have been harvested or the products have not been harvested yet in the period covered by the report, the area is included in the Mariculture Area. But some tidal flats and water surfaces where none or a small amount of the young have been released and only general management is carried out are not included in the Mariculture Area.

2. Total Area of Salt Pans　refers to the total area covered by salt pans, including the area for brine storage, evaporation, brine preservation, and crystallization, the area of ditches, moats, ponds and banks within the beach as well as beach mounds, and ditches, moats, highway beyond the beach as well as the area of miscellaneous lands.

3. Area of Salt Pan Production　refers to the area directly provided for sea-salt productions, including the area for crystallization, evaporation and brine preservation, the area of ditches, moats, ponds and banks within the beach as well as the area of beach mounds.

4. Year-End Capacity of Crude Salt Production refers to the integrated and balanced capacity of all equipment of the enterprise used for crude salt production at the end of the year. As sea salt production is an open-air operation, which is subject to the effect of weather, the production capacity of a matured salt pan is calculated at the productions of the actual average unit production area in ten years times the production area of the matured salt pan in the current year. The production capacity of new salt pans is calculated at the production that may be reached in the light of the designed capacity and the level of maturity of the salt pan.

5. Marine Motor Fishing Vessels refer to the vessels equipped with machines as motive power and going for marine fishery production and auxiliary fishery production.

6. Deep Sea Fishing Vessels refer to the fishing vessels which carry out production all the year round or seasonally in the non-Chinese jurisdictional sea areas (foreign EEZ or high sea) according to the China Deep-Sea Fishing Projects Management Measures.

7. Number of Berths refers to the spaces equipped with facilities for docking ships and the number of ships of the maximum tonnage that may dock or anchor in them. A space for a ship to dock is counted as one berth and the rest are reasoned out by analogy. Berths are divided into wharf berths and buoy berths.

8. Number of Rooms refers to the number of guest rooms actually used by the hotels receiving tourists.

9. Number of Beds refers to the number of beds actually used by the hotels receiving tourists.

5

海洋科学技术

Marine Science and Technology

5-1 分行业海洋研究与开发机构及人员（2018年）
Marine R&D Institutions and Personnel by Industry (2018)

行 业 Industry	机构数（个） Number of Institutions (unit)	从业人员（人） Employees (person)	#从事科技活动人员 Personnel Engaged in Scientifical Activities
合 计 Total	**176**	**37578**	**32825**
海洋基础科学研究 Marine Basic Scientific Research	**93**	**21907**	**19299**
海洋自然科学 Marine Natural Science	43	15908	14055
海洋社会科学 Marine Social Science	10	1556	1455
海洋农业科学 Marine Agricultural Science	40	4443	3789
海洋工程技术研究 Marine Engineering Technology Research	**43**	**11434**	**10004**
海洋化学工程技术、海洋生物工程技术和海洋能源开发技术 Marine Chemical Engineering Technology, Marine Bioengineering Technology and Marine Energies Development Technology	6	1285	1190

注：机构为地级及以上独立核算的非企业海洋研究与开发机构（本部分其他表同）；
行业分类参照《海洋及相关产业分类》(GB/T 20794—2006)标准。

Note: The institutions cover the non-enterprise marine research and development institutions with independent accounting at the prefecture level and above and don't include the scientific research institutions of marine related enterprises.The same applies to the tables in Part 5.
Industries follows the standard Classification of Marine and Marine-related Industries (GB/T 20794—2006).

5-1 续表 continued

行 业 Industry	机构数（个） Number of Institutions (unit)	从业人员（人） Employees (person)	#从事科技活动人员 Personnel Engaged in Scientifical Activities
海洋交通运输工程技术 Marine Communications and Transport Engineering Technology	10	2408	2032
海洋环境工程技术 Marine Environmental Engineering Technology	7	2081	1932
河口水利工程技术 Estuarine Water Conservancy Engineering Technology	14	3548	2752
其他海洋工程技术 Other Marine Engineering Technologies	6	2112	2098
海洋技术服务业 Marine Technological Service Industry	**13**	**1533**	**1219**
海洋信息服务业 Marine Information Service	**11**	**1011**	**891**
海洋环境监测预报服务 Marine Environment Monitoring and Forecasting Service	**16**	**1693**	**1412**

5-2 分行业海洋研究与开发机构R&D人员（2018年）
R&D Personnel in Marine R&D Institutions by Industry (2018)

行　业 Industry	R&D人员（人） R&D Personnel (person)					R&D人员全时当量（人年） Full-time Equivalent of R&D Personnel (man-year)
		博士毕业 Doctor	硕士毕业 Master	本科毕业 Undergraduate	其他 Others	
合　计 Total	**33892**	**11305**	**11879**	**7616**	**3092**	**27537**
海洋基础科学研究 Marine Basic Scientific Research	**23147**	**8431**	**7408**	**4953**	**2355**	**19178**
海洋自然科学 Marine Natural Science	19130	7546	6040	3580	1964	15729
海洋社会科学 Marine Social Science	1077	244	384	356	93	763
海洋农业科学 Marine Agricultural Science	2940	641	984	1017	298	2686
海洋工程技术研究 Marine Engineering Technology Research	**8716**	**2550**	**3656**	**1968**	**542**	**6992**
海洋化学工程技术、海洋生物工程技术和海洋能源开发技术 Marine Chemical Engineering Technology, Marine Bioengineering Technology and Marine Energies Development Technology	1619	576	580	346	117	1399
海洋交通运输工程技术 Marine Communications and Transport Engineering Technology	930	161	537	212	20	732

5-2 续表 continued

行 业 Industry	R&D人员（人） R&D Personnel (person)	博士毕业 Doctor	硕士毕业 Master	本科毕业 Undergraduate	其他 Others	R&D人员全时当量（人年） Full-time Equivalent of R&D Personnel (man-year)
海洋环境工程技术 Marine Environmental Engineering Technology	2422	857	874	550	141	1901
河口水利工程技术 Estuarine Water Conservancy Engineering Technology	1680	545	549	359	227	1359
其他海洋工程技术 Other Marine Engineering Technologies	2065	411	1116	501	37	1601
海洋技术服务业 Marine Technological Service Industry	**911**	**138**	**331**	**333**	**109**	**579**
海洋信息服务业 Marine Information Service	**417**	**66**	**208**	**130**	**13**	**357**
海洋环境监测预报服务 Marine Environment Monitoring and Forecasting Service	**701**	**120**	**276**	**232**	**73**	**431**

5-3 分行业按费用类别分海洋研究与开发机构 R&D经费内部支出（2018年）

Intramural Expenditure on R&D of Marine R&D Institutions by Expenses Category by Industry (2018)

单位：万元 (10000 yuan)

行　业 Industry	R&D经费内部支出 Intramural Expenditure on R&D	日常性支出 Routine Expenses	#人员劳务费 Labor Cost	资产性支出 Assets Expenditure	#仪器与设备支出 Equipment
合　计 Total	**1993704**	**1727052**	**640551**	**266653**	**130976**
海洋基础科学研究 Marine Basic Scientific Research	**1447819**	**1241346**	**450683**	**206473**	**107978**
海洋自然科学 Marine Natural Science	1266474	1088657	380801	177816	97069
海洋社会科学 Marine Social Science	42791	36124	19337	6667	1658
海洋农业科学 Marine Agricultural Science	138554	116564	50546	21990	9251
海洋工程技术研究 Marine Engineering Technology Research	**456783**	**421998**	**162251**	**34786**	**7496**
海洋化学工程技术、海洋生物工程技术和海洋能源开发技术 Marine Chemical Engineering Technology, Marine Engineering Technology and Marine Energies Development Technology	67846	63266	27814	4581	34
海洋交通运输工程技术 Marine Communications and Transport Engineering Technology	34134	31549	15639	2585	1444

5-3 续表 continued

行 业 Industry	R&D经费内部支出 Intramural Expenditure on R&D	日常性支出 Routine Expenses	#人员劳务费 Labor Cost	资产性支出 Assets Expenditure	#仪器与设备支出 Equipment
海洋环境工程技术 Marine Environmental Engineering Technology	123830	116564	39336	7266	3835
河口水利工程技术 Estuarine Water Conservancy Engineering Technology	91877	85621	48017	6256	1478
其他海洋工程技术 Other Marine Engineering Technologies	139097	124999	31445	14098	706
海洋技术服务业 Marine Technological Service Industry	**57875**	**33400**	**12898**	**24475**	**14673**
海洋信息服务业 Marine Information Service	**20032**	**19738**	**8086**	**294**	**294**
海洋环境监测预报服务 Marine Environment Monitoring and Forecasting Service	**11195**	**10571**	**6632**	**625**	**534**

5-4 分行业按经费来源分海洋研究与开发机构 R&D经费内部支出（2018年）

Intramural Expenditure on R&D of Marine R&D Institutions by Source of Funds by Industry (2018)

单位：万元 (10000 yuan)

行 业 Industry	R&D经费内部支出 Intramural Expenditure on R&D				
	政府资金 Government Funds	企业资金 Self-raised Funds by Enterprises	事业单位资金 Public Institution Funds	国外资金 Foreign Funds	其他资金 Other Funds
合 计 Total	**1740294**	**140315**	**92981**	**5388**	**14727**
海洋基础科学研究 Marine Basic Scientific Research	**1317418**	**63640**	**55669**	**3953**	**7138**
海洋自然科学 Marine Natural Science	1164042	55074	36942	3884	6532
海洋社会科学 Marine Social Science	36479	6262	0	50	0
海洋农业科学 Marine Agricultural Science	116898	2303	18727	19	607
海洋工程技术研究 Marine Engineering Technology Research	**339650**	**75443**	**36774**	**1430**	**3487**
海洋化学工程技术、海洋生物工程技术和海洋能源开发技术 Marine Chemical Engineering Technology, Marine Engineering Technology and Marine Energies Development Technology	60517	6120	306	904	0
海洋交通运输工程技术 Marine Communications and Transport Engineering Technology	25407	1837	6374	8	508

5-4 续表 continued

行　业 Industry	R&D经费内部支出				
	政府资金 Government Funds	企业资金 Self-raised Funds by Enterprises	事业单位资金 Public Institution Funds	国外资金 Foreign Funds	其他资金 Other Funds
海洋环境工程技术 Marine Environmental Engineering Technology	112519	3954	6839	519	0
河口水利工程技术 Estuarine Water Conservancy Engineering Technology	60147	20513	8949	0	2268
其他海洋工程技术 Other Marine Engineering Technologies	81060	43020	14306	0	712
海洋技术服务业 Marine Technological Service Industry	**52765**	**1132**	**5**	**0**	**3974**
海洋信息服务业 Marine Information Service	**19722**	**0**	**309**	**0**	**0**
海洋环境监测预报服务 Marine Environment Monitoring and Forecasting Service	**10739**	**100**	**223**	**5**	**128**

5-5 分行业海洋研究与开发机构R&D经费外部支出（2018年）
External Expenditure on R&D of Marine R&D Institutions by Industry (2018)

单位：万元 (10000 yuan)

行　业 Industry	R&D经费外部支出 External Expenditure on R&D	#对境内研究机构支出 to Domestic Research Institutions	#对境内企业支出 to Domestic Enterprises	对境外机构支出 to Foreign Institutions
合　计 Total	**124567**	**37356**	**61681**	**590**
海洋基础科学研究 Marine Basic Scientific Research	**112475**	**31918**	**58523**	**590**
海洋自然科学 Marine Natural Science	108671	28250	58501	590
海洋社会科学 Marine Social Science	81	2	0	0
海洋农业科学 Marine Agricultural Science	3723	3666	22	0
海洋工程技术研究 Marine Engineering Technology Research	**4059**	**747**	**2678**	**0**
海洋化学工程技术、海洋生物工程技术和海洋能源开发技术 Marine Chemical Engineering Technology, Marine Bioengineering Technology and Marine Energies Development Technology	0	0	0	0
海洋交通运输工程技术 Marine Communications and Transport Engineering Technology	4059	747	2678	0

5-5 续表1 continued

行 业 Industry	R&D经费外部支出 External Expenditure on R&D	#对境内研究机构支出 to Domestic Research Institutions	#对境内企业支出 to Domestic Enterprises	对境外机构支出 to Foreign Institutions
海洋环境工程技术 Marine Environmental Engineering Technology	0	0	0	0
河口水利工程技术 Estuarine Water Conservancy Engineering Technology	0	0	0	0
其他海洋工程技术 Other Marine Engineering Technologies	0	0	0	0
海洋技术服务业 Marine Technological Service Industry	**2787**	**2253**	**163**	**0**
海洋信息服务业 Marine Information Service	**3588**	**2191**	**0**	**0**
海洋环境监测预报服务 Marine Environment Monitoring and Forecasting Service	**1659**	**246**	**318**	**0**

5-6 分行业海洋研究与开发机构R&D课题（2018年）
R&D Projects of Marine R&D Institutions by Industry (2018)

行 业 Industry	R&D课题数 （项） R&D Projects (item)	投入人员 （人年） Input of Personnel (man-year)	投入经费 （万元） Input of Funds (10000 yuan)
合 计 **Total**	**17526**	**21704**	**1062857**
海洋基础科学研究 **Marine Basic Scientific Research**	**13120**	**15175**	**770583**
海洋自然科学 Marine Natural Science	10896	12362	675958
海洋社会科学 Marine Social Science	519	610	21296
海洋农业科学 Marine Agricultural Science	1705	2203	73329
海洋工程技术研究 **Marine Engineering Technology Research**	**3959**	**5323**	**251862**
海洋化学工程技术、海洋生物工程技术和海洋能源开发技术 Marine Chemical Engineering Technology, Marine Bioengineering Technology and Marine Energies Development Technology	977	1196	47460
海洋交通运输工程技术 Marine Communications and Transport Engineering Technology	373	614	19702

5-6 续表 continued

行　业 Industry	R&D课题数 （项） R&D Projects (item)	投入人员 （人年） Input of Personnel (man-year)	投入经费 （万元） Input of Funds (10000 yuan)
海洋环境工程技术 Marine Environmental Engineering Technology	1466	1384	58360
河口水利工程技术 Estuarine Water Conservancy Engineering Technology	785	1033	50770
其他海洋工程技术 Other Marine Engineering Technologies	358	1096	75570
海洋技术服务业 **Marine Technological Service Industry**	**310**	**505**	**17000**
海洋信息服务业 **Marine Information Service**	**42**	**340**	**18528**
海洋环境监测预报服务 **Marine Environment Monitoring and Forecasting Service**	**95**	**362**	**4884**

5-7 分行业海洋研究与开发机构科技论著（2018年）
Scientific and Technological Papers and Works of Marine R&D Institutions by Industry (2018)

行业 Industry	发表科技论文（篇） Scientific Papers Issued (piece)	#国内发表 Published Domestic	出版科技著作（种） Publication on Science and Technology (kind)
合计 Total	**18882**	**10144**	**409**
海洋基础科学研究 Marine Basic Scientific Research	**13719**	**6984**	**251**
海洋自然科学 Marine Natural Science	10162	4058	144
海洋社会科学 Marine Social Science	1476	1433	55
海洋农业科学 Marine Agricultural Science	2081	1493	52
海洋工程技术研究 Marine Engineering Technology Research	**4661**	**2741**	**135**
海洋化学工程技术、海洋生物工程技术和海洋能源开发技术 Marine Chemical Engineering Technology, Marine Bioengineering Technology and Marine Energies Development Technology	903	346	10
海洋交通运输工程技术 Marine Communications and Transport Engineering Technology	986	900	52

5-7 续表 continued

行　业 Industry	发表科技论文（篇） Scientific Papers Issued (piece)	#国内发表 Published Domestic	出版科技著作（种） Publication on Science and Technology (kind)
海洋环境工程技术 Marine Environmental Engineering Technology	1077	429	28
河口水利工程技术 Estuarine Water Conservancy Engineering Technology	1018	734	40
其他海洋工程技术 Other Marine Engineering Technologies	677	332	5
海洋技术服务业 **Marine Technological Service Industry**	**222**	**174**	**5**
海洋信息服务业 **Marine Information Service**	**165**	**142**	**9**
海洋环境监测预报服务 **Marine Environment Monitoring and Forecasting Service**	**115**	**103**	**9**

5-8 分行业海洋研究与开发机构专利（2018年）
Scientific and Technological Patents of Marine R&D Institutions by Industry (2018)

行业 Industry	专利申请受理数（件） Number of Patent Applications Accepted (piece)	#发明专利 Inventions	专利授权数（件） Number of Patent Grants (piece)	#发明专利 Inventions
合计 Total	**5473**	**3980**	**3720**	**2120**
海洋基础科学研究 Marine Basic Scientific Research	**3660**	**2676**	**2423**	**1492**
海洋自然科学 Marine Natural Science	2827	2105	1792	1210
海洋社会科学 Marine Social Science	40	38	13	8
海洋农业科学 Marine Agricultural Science	793	533	618	274
海洋工程技术研究 Marine Engineering Technology Research	**1718**	**1231**	**1245**	**591**
海洋化学工程技术、海洋生物工程技术和海洋能源开发技术 Marine Chemical Engineering Technology, Marine Bioengineering Technology and Marine Energies Development Technology	503	436	233	168
海洋交通运输工程技术 Marine Communications and Transport Engineering Technology	166	59	139	31

5-8 续表1 continued

行　业 Industry	专利申请受理数（件） Number of Patent Applications Accepted (piece)	#发明专利 Inventions	专利授权数（件） Number of Patent Grants (piece)	#发明专利 Inventions
海洋环境工程技术 Marine Environmental Engineering Technology	179	132	152	44
河口水利工程技术 Estuarine Water Conservancy Engineering Technology	374	254	405	167
其他海洋工程技术 Other Marine Engineering Technologies	496	350	316	181
海洋技术服务业 Marine Technological Service Industry	**72**	**63**	**36**	**28**
海洋信息服务业 Marine Information Service	**6**	**5**	**7**	**6**
海洋环境监测预报服务 Marine Environment Monitoring and Forecasting Service	**17**	**5**	**9**	**3**

5-8 续表2 continued

行　业 Industry	有效发明专利 （件） Patent in Force (piece)	专利所有权转让 及许可数 （件） Number of Transfer and Licensing of Patent Ownership (piece)	专利所有权转让 及许可收入 （万元） Revenue from Transfer and Licensing of Patent Ownership (10000 yuan)
合　计 **Total**	**18792**	**164**	**6424**
海洋基础科学研究 **Marine Basic Scientific Research**	**15252**	**136**	**6038**
海洋自然科学 Marine Natural Science	13130	117	5830
海洋社会科学 Marine Social Science	53	2	0
海洋农业科学 Marine Agricultural Science	2069	17	208
海洋工程技术研究 **Marine Engineering Technology Research**	**3231**	**28**	**386**
海洋化学工程技术、海洋生物工程技术和海洋能源开发技术 Marine Chemical Engineering Technology, Marine Bioengineering Technology and Marine Energies Development Technology	1030	9	201
海洋交通运输工程技术 Marine Communications and Transport Engineering Technology	163	0	0

5-8 续表3 continued

行 业 Industry	有效发明专利 （件） Patent in Force (piece)	专利所有权转让及许可数 （件） Number of Transfer and Licensing of Patent Ownership (piece)	专利所有权转让及许可收入 （万元） Revenue from Transfer and Licensing of Patent Ownership (10000 yuan)
海洋环境工程技术 Marine Environmental Engineering Technology	393	0	0
河口水利工程技术 Estuarine Water Conservancy Engineering Technology	508	15	108
其他海洋工程技术 Other Marine Engineering Technologies	1137	4	77
海洋技术服务业 **Marine Technological Service Industry**	**274**	**0**	**0**
海洋信息服务业 **Marine Information Service**	**19**	**0**	**0**
海洋环境监测预报服务 **Marine Environment Monitoring and Forecasting Service**	**16**	**0**	**0**

5-9 分行业海洋研究与开发机构形成标准和软件著作权（2018年）

Standards and Software Copyrights of Marine R&D Institutions by Industry (2018)

行　业 Industry	形成国家和行业标准数 （项） Number of National and Industrial Standards (item)	软件著作权数 （件） Number of Software Copyrights (piece)
合　计 **Total**	**265**	**948**
海洋基础科学研究 **Marine Basic Scientific Research**	**115**	**470**
海洋自然科学 Marine Natural Science	42	388
海洋社会科学 Marine Social Science	0	3
海洋农业科学 Marine Agricultural Science	73	79
海洋工程技术研究 **Marine Engineering Technology Research**	**85**	**427**
海洋化学工程技术、海洋生物工程技术和海洋能源开发技术 Marine Chemical Engineering Technology, Marine Bioengineering Technology and Marine Energies Development Technology	5	15
海洋交通运输工程技术 Marine Communications and Transport Engineering Technology	43	80

5-9 续表 continued

行 业 Industry	形成国家和行业标准数（项） Number of National and Industrial Standards (item)	软件著作权数（件） Number of Software Copyrights (piece)
海洋环境工程技术 Marine Environmental Engineering Technology	21	87
河口水利工程技术 Estuarine Water Conservancy Engineering Technology	9	115
其他海洋工程技术 Other Marine Engineering Technologies	7	130
海洋技术服务业 **Marine Technological Service Industry**	**61**	**6**
海洋信息服务业 **Marine Information Service**	**4**	**22**
海洋环境监测预报服务 **Marine Environment Monitoring and Forecasting Service**	**0**	**23**

5-10 分地区海洋研究与开发机构及人员（2018年）
Marine R&D Institutions and Personnel by Region (2018)

行 业 Industry	机构数（个） Number of Institutions (unit)	从业人员（人） Employees (person)	#从事科技活动人员 Personnel Engaged in Scientifical Activities
合 计 Total	**176**	**37578**	**32825**
北 京 Beijing	18	8059	6458
天 津 Tianjin	10	1899	1781
河 北 Hebei	9	1506	1355
辽 宁 Liaoning	5	1908	1832
上 海 Shanghai	14	2962	2557
江 苏 Jiangsu	11	1857	1707
浙 江 Zhejiang	17	2626	2251
福 建 Fujian	18	1530	1310
山 东 Shandong	27	5492	4828
广 东 Guangdong	27	6809	6147
广 西 Guangxi	10	748	670
海 南 Hainan	7	796	759
其 他 Others	3	1386	1170

5-11 分地区海洋研究与开发机构R&D人员（2018年）
R&D Personnel in Marine R&D Institutions by Region (2018)

行　业 Industry	R&D人员（人） R&D Personnel (person)					R&D人员全时当量（人年） Full-time Equivalent of R&D Personnel (man-year)
		博士毕业 Doctor	硕士毕业 Master	本科毕业 Under-graduate	其他 Others	
合　计 Total	**33892**	**11305**	**11879**	**7616**	**3092**	**27537**
北　京 Beijing	8639	3850	2729	1260	800	6662
天　津 Tianjin	1343	215	613	479	36	1128
河　北 Hebei	1088	189	420	283	196	988
辽　宁 Liaoning	1834	408	956	386	84	1450
上　海 Shanghai	2534	587	857	806	284	2011
江　苏 Jiangsu	1642	663	514	327	138	1470
浙　江 Zhejiang	1355	333	554	366	102	954
福　建 Fujian	1065	221	457	313	74	921
山　东 Shandong	5240	1683	1707	1311	539	4470
广　东 Guangdong	5582	1916	1867	1262	537	4881
广　西 Guangxi	546	70	224	211	41	410
海　南 Hainan	668	160	170	153	185	526
其　他 Others	2356	1010	811	459	76	1666

5-12 分地区按费用类别分海洋研究与开发机构 R&D经费内部支出（2018年）

Intramural Expenditure on R&D of Marine R&D Institutions by Expenses Category by Region (2018)

单位：万元　　　　　　　　　　　　　　　　　　　　　　　　　　　　　　　(10000 yuan)

行 业 Industry	R&D经费内部支出 Intramural Expenditure on R&D	日常性支出 Routine Expenses	#人员劳务费 Labor Cost	资产性支出 Assets Expenditure	#仪器与设备支出 Equipment
合 计 Total	**1993704**	**1727052**	**640551**	**266653**	**130976**
北 京 Beijing	471992	427900	169252	44092	9145
天 津 Tianjin	75064	65758	25774	9306	1233
河 北 Hebei	62187	58828	17480	3359	1201
辽 宁 Liaoning	138988	125769	31135	13218	0
上 海 Shanghai	214492	176207	60962	38285	26864
江 苏 Jiangsu	99752	94471	47880	5281	462
浙 江 Zhejiang	72115	55872	22655	16244	6437
福 建 Fujian	56099	49566	22031	6534	419
山 东 Shandong	267869	208020	87604	59849	47560
广 东 Guangdong	355994	312883	106638	43111	37655
广 西 Guangxi	38690	16644	6172	22047	0
海 南 Hainan	53281	52594	12514	687	0
其 他 Others	87181	82541	30455	4640	0

5-13 分地区按经费来源分海洋研究与开发机构R&D经费内部支出（2018年）

Intramural Expenditure on R&D of Marine R&D Institutions by Source of Funds by Region (2018)

单位：万元 (10000 yuan)

行 业 Industry	R&D经费内部支出 Intramural Expenditure on R&D				
	政府资金 Government Funds	企业资金 Self-raised Funds by Enterprises	事业单位资金 Public Institution Funds	国外资金 Foreign Funds	其他资金 Other Funds
合 计 Total	**1740294**	**140315**	**92981**	**5388**	**14727**
北 京 Beijing	417828	38071	7519	3143	5431
天 津 Tianjin	60684	7204	5752	0	1424
河 北 Hebei	60733	0	1454	0	0
辽 宁 Liaoning	84902	36602	17484	0	0
上 海 Shanghai	199066	4865	9797	69	695
江 苏 Jiangsu	76901	10768	10915	334	833
浙 江 Zhejiang	59382	7028	5696	0	10
福 建 Fujian	41874	10478	3748	0	0
山 东 Shandong	247337	6569	9003	658	4302
广 东 Guangdong	320728	13421	19582	499	1764
广 西 Guangxi	38176	0	405	0	110
海 南 Hainan	52422	137	292	272	158
其 他 Others	80262	5173	1334	413	0

5-14 分地区海洋研究与开发机构R&D经费外部支出（2018年）

External Expenditure on R&D of Marine R&D Institutions by Region (2018)

单位：万元 (10000 yuan)

行业 Industry	R&D经费外部支出 External Expenditure on R&D	#对境内研究机构支出 to Domestic Research Institutions	#对境内企业支出 to Domestic Enterprises	对境外机构支出 to Foreign Institutions
合计 Total	**124567**	**37356**	**61681**	**590**
北京 Beijing	9884	2195	3355	0
天津 Tianjin	3591	2191	0	0
河北 Hebei	37	0	22	0
辽宁 Liaoning	0	0	0	0
上海 Shanghai	4046	3536	150	0
江苏 Jiangsu	0	0	0	0
浙江 Zhejiang	7166	3374	680	0
福建 Fujian	0	0	0	0
山东 Shandong	11594	6754	0	590
广东 Guangdong	84271	16982	56996	0
广西 Guangxi	55	0	25	0
海南 Hainan	0	0	0	0
其他 Others	3924	2324	454	0

5-15 分地区海洋研究与开发机构R&D课题（2018年）
R&D Projects of Marine R&D Institutions by Region (2018)

地　区 Region	R&D课题数 （项） R&D Projects (item)	投入人员 （人年） Input of Personnel (man-year)	投入经费 （万元） Input of Funds (10000 yuan)
合　计 Total	**17526**	**21704**	**1062857**
北　京 Beijing	4488	5357	248787
天　津 Tianjin	299	870	33056
河　北 Hebei	221	873	31457
辽　宁 Liaoning	351	1028	79631
上　海 Shanghai	752	1463	94289
江　苏 Jiangsu	2074	1195	72970
浙　江 Zhejiang	611	874	42430
福　建 Fujian	706	848	26681
山　东 Shandong	2693	3467	134710
广　东 Guangdong	3451	3682	216176
广　西 Guangxi	216	361	11659
海　南 Hainan	303	367	18505
其　他 Others	1361	1319	52504

5-16 分地区海洋研究与开发机构科技论著（2018年）
Scientific and Technological Papers and Works of Marine R&D Institutions by Region (2018)

地 区 Region	发表科技论文（篇） Scientific Papers Issued (piece)	#国内发表 Published Domestic	出版科技著作（种） Publication on Science and Technology (kind)
合 计 Total	**18882**	**10144**	**409**
北 京 Beijing	3534	1581	120
天 津 Tianjin	614	548	19
河 北 Hebei	543	496	18
辽 宁 Liaoning	683	363	18
上 海 Shanghai	978	664	15
江 苏 Jiangsu	1574	856	53
浙 江 Zhejiang	723	469	27
福 建 Fujian	384	204	13
山 东 Shandong	2917	1271	38
广 东 Guangdong	4052	1961	37
广 西 Guangxi	1179	1108	35
海 南 Hainan	363	185	10
其 他 Others	1338	438	6

5-17 分地区海洋研究与开发机构专利（2018年）
Scientific and Technological Patents of Marine R&D Institutions by Region (2018)

地　区 Region	专利申请受理数（件） Number of Patent Applications Accepted (piece)	#发明专利 Inventions	专利授权数（件） Number of Patent Grants (piece)	#发明专利 Inventions	有效发明专利（件） Patent in Force (piece)	专利所有权转让及许可数（件） Number of Transfer and Licensing of Patent Ownership (piece)	专利所有权转让及许可收入（万元） Revenue from Transfer and Licensing of Patent Ownership (10000 yuan)
合　计 Total	**5473**	**3980**	**3720**	**2120**	**18792**	**164**	**6424**
北　京 Beijing	704	598	732	519	3088	30	390
天　津 Tianjin	163	88	126	46	195	0	0
河　北 Hebei	51	31	30	9	156	0	0
辽　宁 Liaoning	400	292	228	142	916	0	0
上　海 Shanghai	302	229	203	131	638	70	145
江　苏 Jiangsu	297	201	209	84	668	1	7
浙　江 Zhejiang	360	269	229	150	738	9	91
福　建 Fujian	84	41	57	8	226	0	0
山　东 Shandong	883	700	607	346	2341	8	94
广　东 Guangdong	1912	1293	1103	605	8923	43	5672
广　西 Guangxi	58	35	40	15	167	2	15
海　南 Hainan	68	54	33	21	267	0	0
其　他 Others	191	149	123	44	469	1	10

5-18 分地区海洋研究与开发机构形成标准和软件著作权（2018年）

Standards and Software Copyrights of Marine R&D Institutions by Region (2018)

地　区 Region	形成国家和行业标准数 （项） Number of National and Industrial Standards (item)	软件著作权数 （件） Number of Software Copyrights (piece)
合　计 **Total**	**265**	**948**
北　京 Beijing	60	324
天　津 Tianjin	15	77
河　北 Hebei	5	23
辽　宁 Liaoning	13	70
上　海 Shanghai	69	17
江　苏 Jiangsu	10	41
浙　江 Zhejiang	10	60
福　建 Fujian	5	4
山　东 Shandong	36	121
广　东 Guangdong	39	166
广　西 Guangxi	2	9
海　南 Hainan	0	4
其　他 Others	1	32

主要统计指标解释

1. 研究与试验发展(R&D) 指为增加知识存量（也包括有关人类、文化和社会的知识）以及设计已有知识的新应用而进行的创造性、系统性工作，包括基础研究、应用研究和试验发展三种类型。国际上通常采用 R&D 活动的规模和强度指标反映一国的科技实力和核心竞争力。

2. 基础研究 指一种不预设任何特定应用或使用目的的实验性或理论性工作，其主要目的是为获得（已发生）现象和可观察事实的基本原理、规律和新知识。其成果通常表现为提出一般原理、理论或规律，并以论文、著作、研究报告等形式为主。

3. 应用研究 为指为获取新知识，达到某一特定的实际目的或目标而开展的初始性研究。应用研究是为了确定基础研究成果的可能用途，或确定实现特定和预定目标的新方法。其研究成果以论文、著作、研究报告、原理性模型或发明专利等形式为主。

4. 试验发展 指利用从科学研究、实际经验中获取的知识和研究过程中产生的其他知识，开发新的产品、工艺或改进现有产品、工艺而进行的系统性研究。其研究成果以专利、专有技术，以及具有新颖性的产品原型、原始样机及装置等形式为主。

5. 从业人员 指由本机构年末直接组织安排工作并支付工资的各类人员总数。包括固定职工、国家有编制的合同制职工、招聘人员和返聘的离退休人员。不包括离退休人员、停薪留职人员。

6. 从事科技活动人员 指从业人员中的科技管理人员、课题活动人员和科技服务人员。

7. R&D 人员 指报告期 R&D 活动单位中从事基础研究、应用研究和试验发展活动的人员。包括直接参加上述三类 R&D 活动的人员，以及与上述三类 R&D 活动相关的管理人员和直接服务人员，即直接为 R&D 活动提供资料文献、材料供应、设备维护等服务的人员。不包括为 R&D 活动提供间接服务的人员，如餐饮服务、安保人员等。

8. R&D 人员全时当量 指报告期 R&D 人员按实际从事 R&D 活动时间计算的工作量，以“人年”为计量单位。为国际上比较科技人力投入而制定的可比指标。

9. R&D 经费内部支出 指报告期调查单位内部为实施 R&D 活动而实际发生的全部经费，按支出性质分为日常性支出和资产性支出。不包括调查单位委托其他单位或与其他单位合作开展 R&D 活动而转拨给其他单位的全部经费。

10. R&D 经费内部支出中政府资金 指 R&D 经费支出中来自各级政府财政的各类资金，包括财政科学技术支出和财政其他功能支出的资金用于 R&D 活动的实际支出。

11. R&D 经费内部支出中企业资金 指 R&D 经费支出中来自企业的各类资金。对企业而言，企业资金指企业自有资金、接受其他企业委托开展 R&D 活动而获得的资金，以及从金融机构贷款获得的开展 R&D 活动的资金；对科研院所、高校等事业单位而言，企业资金是指因接受从企业委托开展 R&D 活动而获得的各类资金。

12. R&D 课题 R&D 课题是进行 R&D 活动的基本组织形式，通常由 R&D 活动执行单位依据项目立项书或合同书等形式明确项目任务、目标、人员和经费等。

13. R&D 课题投入人员 指实际参加研发项目（课题）活动人员折合的全时当量。

14. R&D 课题投入经费 指调查单位内部在报告年度进行研发项目（课题）研究和试制等的实际

支出。包括劳务费、其他日常支出、固定资产购建费、外协加工费等，不包括委托或与外单位合作进行项目（课题）研究而拨付给对方使用的经费。

15. 科技论文 在全国性学报或学术刊物上、省部属大专院校对外正式发行的学报或学术刊物上发表的论文以及向国外发表的论文。

16. 科技著作 经过正式出版部门编印出版的科技专著、大专院校教科书、科普著作。

17. 专利 是专利权的简称，是对发明人的发明创造经审查合格后，由专利局依据专利法授予发明人和设计人对该项发明创造享有的专有权。包括发明、实用新型和外观设计。反映拥有自主知识产权的科技和设计成果情况。

18. 发明（专利） 指对产品、方法或者其改进所提出的新的技术方案。是国际通行的反映拥有自主知识产权技术的核心指标。

19. 专利申请受理数 当年本单位向专利管理部门提出申请并被受理的职务专利申请件数。

20. 专利授权数 当年由专利管理部门授予本单位专利权的职务专利件数。

Explanatory Notes on Main Statistical Indicators

1. Research and Experimental Development (R&D) refers to creative and systematic work undertaken in order to increase the stock of knowledge (including knowledge of humankind, culture and society) and to devise new applications of available knowledge.R&D includes 3 categories of activities: basic research, applied research and experimental development. The scale and intensity of R&D are widely used internationally to reflect the strength of S&T and the core competitiveness of a country in the world.

2. Basic Research refers to experimental or theoretical work undertaken primarily to acquire new knowledge of the underlying foundations of phenomena and observable facts, without any particular application or use in view. Basic research usually formulates hypotheses, theories or laws, and its results are mainly released or disseminated in the form of scientific papers or monographs or research reports.

3. Applied Research refers to original investigation undertaken in order to acquire new knowledge. It is directed primarily towards a specific, practical aim or objective. Purpose of the applied research is to identify the possible uses of results from basic research, or to explore new (fundamental) methods or new approaches. Results of applied research are expressed in the form of scientific papers, monographs, fundamental models or invention patents.

4. Experimental Development refers to systematic work, drawing on knowledge gained from research and practical experience and producing additional knowledge, which is directed to producing new products or processes or to improving existing products or processes. Results of experimental development activities are embodied in patents, exclusive technology, and monotype of new products or equipment.

5. Employees refer to the total number of personnel of various kinds employed and paid by the institution at the end of the year, including fixed employees, contract workers of staff belonging to the state authorized staff , recruited personnel, reemployed retired personnel, but not including the retired and the personnel on leave with pay suspension.

6. Personnel Engaged in Scientific and Technological Activities refer to the personnel for scientific and technological management, personnel engaged in the activities of research topics and scientific and technological service personnel.

7. R&D Personnel refer to persons of R&D activities units engaged in basic research, applied research, and experimental development at the reference period, including persons of directly participating in the three activities above, as well as managment and direct service staff related to R&D activities, such as literature provision, material supply,equipment maintenance staff, it excludes persons providing indirect support and ancillary services, such as canteen and security staff.

8. Full-time Equivalent of R&D Personnel refers to the ratio of working hours actually spent on R&D during a specific reference period (usually a calendar year) divided by the total number of hours conventionally worked in the same period by an individual or by a group. The measurement unit of the ratio is “man-years”. This is an internationally comparable indicator of S&T manpower input.

9. Intramural Expenditure on R&D refers to the real expenditure of surveyed units on their own R&D activities in reporting period. It is divided into current expenditures and gross fixed capital expenditures for R&D according to the nature of expenditure. It doesn’t include the fees transferred to cooperated or entrusted agencies on R&D activities.

10. Intramural Expenditure on R&D from Government Funds refers to the expenditure of funds on R&D activities from government agencies at different levels, including appropriate funds on science and technology from financial departments, and the real expenditure of other fiscal functional funds on R&D activities from government agencies.

11. Intramural Expenditure on R&D from Enterprises funds refers to the expenditure of all kinds of funds on R&D activities from enterprises. In terms of enterprises, it refers to the expenditure of self-raised funds of enterprises, funds from other enterprises through entrustment, loans from financial institutions on R&D activities. In terms of public institutions, such as institution of scientific research and universities, it refers to the expenditure of funds from enterprises through entrustment.

12. Number of R&D Projects R&D Projects are the basic forms of R&D activities, The project task, target, personnel and expenditure are usually defined by R&D activity execution unit according to project approval specification or contract document.

13. Input of Personnel on R&D Projects refers to the full-time equivalent of persons actually engaged in R&D projects.

14. Input of Funds on R&D Projects refers to the real expenditure of internal funds of the surveyed units on research and test of R&D projects at the reference year, including service fee, other daily expenditure, cost for fixed assets, cost of external process, it excludes expenditure of funds transferred to other cooperated or entrusted units of the projects.

15. Scientific Papers refer to the papers published in the national journals or academic publications, those officially issued journals or academic publications by universities and colleges under provinces or ministries as well as theses published abroad.

16. Scientific and Technological Works refer to the scientific and technological monographs, textbooks for universities and colleges and popular science books published by the official publishing houses.

17. Patent is an abbreviation for the patent right and refers to the exclusive right of ownership by the inventors or designers for the creation or inventions, given from the patent offices after due process of assessment and approval in accordance with the Patent Law. Patents are granted for inventions, utility models and designs. This indicator reflects the achievements of S&T and design with independent intellectual property.

18. Patented Inventions refer to new technical proposals to the products or methods or their modifications. This is universal core indicator reflecting the technologies with independent intellectual property.

19 Number of Patent Applications Accepted refers to the number of professional patent applications of the unit to the patent administrative department and accepted by it in the year.

20. Number of Patents Granted refers to the number of the professional patents granted to the unit by the patent administrative department in the year.

6

海 洋 教 育

Marine Education

6-1 全国各海洋专业博士研究生情况（2018年）
Doctoral Students from Marine Specialities (2018)

专　业 Speciality	专业点数（个） Number of Speciality Agencies	学生数（人） Number of Students (person)			
		毕业生 Graduates	招 生 Entrants	在校生 Enrollment	预计毕业生数 Estimated Graduates of Next Year
合　计 Total	**143**	**783**	**1 234**	**5 321**	**2 555**
物理海洋学 Physical Oceanography	7	40	96	342	156
海洋化学 Marine Chemistry	8	45	49	174	70
海洋生物学 Marine Biology	10	85	113	433	168
海洋地质 Marine Geology	10	43	67	272	132
海洋科学学科 Marine Science Subjects	7	77	104	522	281
水生生物学 Hydrobiology	20	81	97	395	183
水文学及水资源 Hydrology and Water Resource	16	88	153	743	359
港口海岸及近海工程 Coastal Harbour and Offshore Engineering	9	40	67	400	252

6-1 续表 continued

专 业 Speciality	专业点数（个） Number of Speciality Agencies	学生数（人） Number of Students (person)			
		毕业生 Graduates	招 生 Entrants	在校生 Enrollment	预计毕业生数 Estimated Graduates of Next Year
船舶与海洋结构物设计制造 Ships and Marine Structures Design and Manufacture	10	53	86	418	222
轮机工程 Turbine Engineering	8	42	66	315	176
水声工程 Hydroacoustic Engineering	6	23	57	241	98
船舶与海洋工程学科 Ship and Ocean Engineering Subjects	6	45	90	409	162
水产品加工及贮藏工程 Aquatic Products Processing and Storing Engineering	5	4	3	22	15
水产养殖 Aquaculture	7	57	96	310	126
捕捞学 Science of Fishing	2	5	9	27	10
渔业资源 Fishery Resource	5	14	33	112	51
水产学科 Fishery Subjects	6	40	48	186	94
航空、航天与航海医学 Aeronautical, Aerospace and Nautical Medicine	1	1	0	0	0

6-2 全国各海洋专业硕士研究生情况（2018年）
Postgraduate Students from Marine Specialities (2018)

专 业 Speciality	专业点数（个） Number of Speciality Agencies	学生数（人） Number of Students (person)			
		毕业生 Graduates	招 生 Entrants	在校生 Enrollment	预计毕业生数 Estimated Graduates of Next Year
合 计 Total	**311**	**2970**	**3863**	**10917**	**3404**
物理海洋学 Physical Oceanography	15	135	184	523	158
海洋化学 Marine Chemistry	17	87	135	378	119
海洋生物学 Marine Biology	20	241	250	797	269
海洋地质 Marine Geology	15	111	147	424	136
海洋科学学科 Marine Science Subjects	18	269	541	1267	333
水生生物学 Hydrobiology	43	202	205	668	220
水文学及水资源 Hydrology and Water Resource	43	343	404	1125	341
港口海岸及近海工程 Coastal Harbour and Offshore Engineering	17	228	229	607	203

6-2 续表 continued

专　业 Speciality	专业点数（个） Number of Speciality Agencies	学生数（人） Number of Students (person)			
		毕业生 Graduates	招 生 Entrants	在校生 Enrollment	预计毕业生数 Estimated Graduates of Next Year
船舶与海洋结构物设计制造 Ships and Marine Structures Design and Manufacture	16	259	262	804	300
轮机工程 Turbine Engineering	11	223	253	758	251
水声工程 Hydroacoustic Engineering	8	100	106	396	113
船舶与海洋工程学科 Ship and Ocean Engineering Subjects	14	225	248	722	235
水产品加工及贮藏工程 Aquatic Products Processing and Storing Engineering	22	57	32	127	48
水产养殖 Aquaculture	26	305	525	1483	455
捕捞学 Science of Fishing	4	15	22	66	21
渔业资源 Fishery Resource	10	69	106	299	88
水产学科 Fishery Subjects	12	101	214	473	114

6-3 全国普通高等教育各海洋专业本科学生情况（2018年）
Undergraduates from Marine Specialities in the National Ordinary Higher Education (2018)

专业 Speciality	专业点数（个） Number of Speciality Agencies	学生数（人） Number of Students (person)			
		毕业生 Graduates	招生 Entrants	在校生 Enrollment	预计毕业生数 Estimated Graduates of Next Year
合计 Total	**299**	**19006**	**22132**	**85460**	**21178**
海洋科学 Marine Science	30	1271	1463	5653	1269
海洋技术(注：可授理学或工学学士学位) Marine Technology (Note: It may confer bachelor's degrees in science and engineering)	22	688	791	3403	893
海洋资源与环境 Marine Living Resources and Environment	16	410	634	2086	371
海洋科学类专业 New Specialties Under the Category of Marine Sciences	10	1	1166	1664	83
港口航道与海岸工程 Harbour Channel and Coastal Engineering	35	1977	1543	7502	2159
航海技术 Nautical Technology	9	439	461	1663	404
轮机工程 Turbine Engineering	17	2246	2601	10084	2512
船舶与海洋工程 Ship and Marine Engineering	23	2812	2993	12020	2986
海洋工程与技术 Ocean Engineering and Technology	33	4736	4912	21054	5648
海洋资源开发技术 Marine Resources Exploitation Technology	6	84	219	816	194
海洋工程类专业 New Specialities of Marine Engineering	12	231	443	1471	324
水产养殖学 Aquaculture	56	3145	2984	12028	3042
海洋渔业科学与技术 Science and Technology of Marine Fishery	10	459	508	2084	617
水族科学与技术 Science and Technology of Aquatic Animals	11	418	379	1742	514
水产类专业 Fishery-type Specialities	4	0	691	997	0
海事管理 Maritime Affairs Management	5	89	344	1193	162

6-4 全国普通高等教育各海洋专业专科学生情况（2018年）
Students from Marine Specialities of the Colleges for Professional Training in the National Ordinary Higher Education (2018)

专 业 Speciality	专业点数（个） Number of Speciality Agencies	学生数（人） Number of Students (person)			
		毕业生 Graduates	招 生 Entrants	在校生 Enrollment	预计毕业生数 Estimated Graduates of Next Year
合 计 Total	**939**	**54670**	**48040**	**149295**	**51453**
水产养殖技术 Aquaculture Technology	30	1117	1014	3473	1153
海洋渔业技术 Marine Fishery Technology	1	0	0	2	2
水族科学与技术 Aquarium Science and Technology	3	4	73	166	44
水生动物医学 Aquatic Animal Medicine	2	0	4	39	17
渔业经济管理 Fishery Economic Management	1	0	0	29	0
钻井技术 Drilling Technology	5	387	177	617	172
油气开采技术 Oil and Gas Exploitation Technology	13	520	250	935	370
油气储运技术 Oil and Gas Storage and Transportation Technology	28	1394	937	2815	1008
油气地质勘探技术 Oil and Gas Geological Exploration Technology	9	503	261	851	372
油田化学应用技术 Oilfield Chemical Technology	6	207	240	714	250
石油工程技术 Petroleum Engineering Technology	14	1309	591	2199	979
水文与水资源工程 Hydrology and Water Resources Engineering	12	340	396	1240	478

6-4 续表1 continued

专 业 Speciality	专业点数（个） Number of Speciality Agencies	学生数（人） Number of Students (person)			
		毕业生 Graduates	招 生 Entrants	在校生 Enrollment	预计毕业生数 Estimated Graduates of Next Year
水文测报技术 Hydrological Forecasting Technology	1	6	0	8	8
水政水资源管理 Water Administration and Water Resources Management	5	287	147	572	190
水利工程 Water Conservancy Projects	35	3957	4323	11758	3779
水利水电工程技术 Water Conservancy and Hydropower Engineering Technology	19	1311	1669	5106	1700
水利水电工程管理 Water Conservancy and Hydropower Project Management	20	1319	1642	4577	1463
水利水电建筑工程 Water Conservancy and Hydropower Construction	51	6058	4688	16250	5659
水务管理 Water Affairs Management	6	100	286	695	195
水电站动力设备 Power Equipment of Hydropower Station	9	375	280	727	263
水电站电气设备 Electrical Equipment of Hydropower Station	1	48	0	0	0
水电站运行与管理 Operation and Management of Hydropower Station	3	0	351	737	176
水利机电设备运行与管理 Operation and Management of Electrical and Mechanical Equipment in Water Conservancy	3	29	60	174	58

6-4 续表2 continued

专 业 Speciality	专业点数（个） Number of Speciality Agencies	学生数（人）Number of Students (person) 毕业生 Graduates	招 生 Entrants	在校生 Enrollment	预计毕业生数 Estimated Graduates of Next Year
水土保持技术 Soil and Water Conservation Technology	14	314	265	749	304
水环境监测与治理 Water Environmental Monitoring and Protection	6	89	75	284	71
船舶工程技术 Ship Engineering Technology	34	3097	1691	5987	2340
船舶机械工程技术 Ship Mechanical Engineering Technology	14	628	250	1217	576
船舶电气工程技术 Ship Electrical Engineering Technology	14	877	791	2200	630
船舶舾装工程技术 Ship Equipment and Installations Engineering Technology	2	129	109	284	84
船舶涂装工程技术 Engineering Technology of Ship Painting	1	61	36	109	31
游艇设计与制造 Yacht Design and Manufacturing	10	236	360	776	206
海洋工程技术 Marine Engineering Technology	7	344	150	448	152
船舶通信与导航 Ship Communication and Navigation	3	146	151	414	111
船舶动力工程技术 Ship Power Engineering Technology	7	373	465	1257	435

6-4 续表3 continued

专 业 Speciality	专业点数（个） Number of Speciality Agencies	学生数（人） Number of Students (person)			
		毕业生 Graduates	招 生 Entrants	在校生 Enrollment	预计毕业生数 Estimated Graduates of Next Year
航海技术 Navigation Technology	48	4665	5418	14969	4891
国际邮轮乘务管理 International Cruise Crew Management	104	3146	5688	14440	3727
船舶电子电气技术 Electronic and Electrical Technology of Ships	19	620	665	2198	910
船舶检验 Ship Inspection	8	225	126	512	213
港口机械与自动控制 Port Machinery and Automatic Control	21	1122	787	2508	841
港口电气技术 Port Electrical Technology	3	217	125	466	202
港口与航道工程技术 Port and Waterway Engineering Technology	12	546	371	1062	370
港口与航运管理 Harbour and Shipping Management	45	3169	2104	7523	2807
港口物流管理 Port Logistics Management	14	676	670	2054	694
轮机工程技术 Turbine Engineering Technology	51	3423	3541	9787	3237
水路运输与海事管理 Waterway Transportation and Maritime Management	19	624	597	1961	621
集装箱运输管理 Container Transportation Management	14	454	438	1371	496
报关与国际货运 Customs Declaration and International Freight Transport	192	10218	5778	23035	9168

6-5 全国成人高等教育各海洋专业本科学生情况（2018年）
Undergraduates from Marine Specialities in the National Adult Higher Education (2018)

专 业 Speciality	专业点数（个） Number of Speciality Agencies	学生数（人） Number of Students (person)			
		毕业生 Graduates	招 生 Entrants	在校生 Enrollment	预计毕业生数 Estimated Graduates of Next Year
合 计 Total	**71**	**2516**	**1997**	**5114**	**2283**
海洋资源与环境 Marine Resources and Environment	1	0	5	5	0
海洋技术 (注：可授理学或工学学士学位) Marine Technology (Note: It may confer bachelor's degrees in science and engineering)	2	3	4	4	0
港口航道与海岸工程 Harbour Channel and Coastal Engineering	6	36	40	68	24
航海技术 Navigation Technology	9	173	275	599	235
轮机工程 Turbine Engineering	12	245	275	754	316
船舶与海洋工程 Ship and Marine Engineering	15	1824	1164	3174	1520
水产养殖学 Aquaculture	26	235	234	510	188

6-6 全国成人高等教育各海洋专业专科学生情况（2018年）
Students from Marine Specialities of the Colleges for Professional Training in the National Adult Higher Education (2018)

专 业 Speciality	专业点数（个）Number of Speciality Agencies	学生数（人）Number of Students (person)			
		毕业生 Graduates	招 生 Entrants	在校生 Enrollment	预计毕业生数 Estimated Graduates of Next Year
合 计 Total	**314**	**6775**	**5216**	**14200**	**6892**
水产养殖技术 Aquaculture Technology	25	449	497	1314	466
渔业经济管理 Fishery Economic Management	1	1	0	6	0
钻井技术 Drilling Technology	6	9	129	155	26
油气开采技术 Oil and Gas Exploitation Technology	11	112	323	431	106
油气储运技术 Oil and Gas Storage and Transportation Technology	12	175	123	289	166
油气地质勘探技术 Oil and Gas Geologic Exploration Technology	6	52	22	42	20
油田化学应用技术 Oilfield Chemical Applied Technology	1	1	0	0	0
石油工程技术 Petroleum Engineering Technology	15	666	105	1217	1019
水文与水资源工程 Hydrology and Water Resources Engineering	3	0	0	12	12
水政水资源管理 Water Administration and Water Resources Management	4	20	0	7	6

6-6 续表1 continued

专 业 Speciality	专业点数（个） Number of Speciality Agencies	学生数（人） Number of Students (person)			
		毕业生 Graduates	招 生 Entrants	在校生 Enrollment	预计毕业生数 Estimated Graduates of Next Year
水利工程 Water Conservancy Projects	21	330	664	1204	358
水利水电工程技术 Water Conservancy and Hydropower Engineering Technology	4	21	0	45	28
水利水电工程管理 Water Conservancy and Hydropower Project Management	33	746	604	1809	825
水利水电建筑工程 Water Conservancy and Hydropower Construction	32	1486	1681	3559	1561
水务管理 Water Affairs Management	1	0	1	1	0
水电站动力设备 Power Equipment of Hydropower Station	2	1	11	14	2
水土保持技术 Soil and Water Conservation Technology	5	18	13	49	32
水环境监测与治理 Water Environmental Monitoring and Protection	1	4	8	17	9
船舶工程技术 Ship Engineering	23	567	221	662	385
船舶机械工程技术 Ship Mechanical Engineering Technology	2	10	0	0	0
船舶电气工程技术 Ship Electrical Engineering Technology	1	0	36	36	0
船舶动力工程技术 Ship Power Engineering Technology	1	0	4	4	0

6-6 续表2 continued

专 业 Speciality	专业点数（个） Number of Speciality Agencies	学生数（人） Number of Students (person)			
		毕业生 Graduates	招 生 Entrants	在校生 Enrollment	预计毕业生数 Estimated Graduates of Next Year
航海技术 Navigation Technology	26	980	335	1458	861
国际邮轮乘务管理 International Cruise Crew Management	7	137	52	186	88
船舶电子电气技术 Electronic and Electrical Technology of Ships	2	41	0	42	42
船舶检验 Ship Inspection	1	0	0	1	1
港口机械与自动控制 Port Machinery and Automatic Control	2	55	2	102	100
港口与航道工程技术 Port and Waterway Engineering Technology	1	0	6	6	0
港口与航运管理 Harbour and Shipping Management	9	163	15	109	7
港口物流管理 Port Logistics Management	2	1	1	2	1
轮机工程技术 Turbine Engineering Technology	27	589	215	1040	642
水路运输与海事管理 Waterway Transportation and Maritime Management	2	30	0	48	48
报关与国际货运 Customs Declaration and International Freight Transport	25	111	148	333	81

6-7 全国中等职业教育各海洋专业学生情况（2018年）
Students from Marine Specialities in the National Secondary Vocational Education (2018)

专 业 Speciality	专业点数（个） Number of Speciality Agencies	学生数（人） Number of Students (person)			
		毕业生 Graduates	招 生 Entrants	在校生 Enrollment	预计毕业生数 Estimated Graduates of Next Year
合 计 Total	**232**	**11092**	**15042**	**33266**	**15416**
海水生态养殖 Seawater Ecological Cultivation	10	274	190	576	210
航海捕捞 Sea Fishing	4	1348	2759	3105	2943
农林牧渔类新专业 New Specialities of Agriculture, Forestry, Animal Husbandry and Fishery	25	1372	1533	4236	1302
水文与水资源勘测 Hydrological and Water Resources Survey	2	48	5	5	5
风电场机电设备运行与维护 Operation and Maintenance of Electromechanical Equipment in the Wind Power Station	22	1010	691	2407	897
船舶制造与修理 Ships Building and Repair	28	1705	1858	5546	2224
船舶机械装置安装与维修 Installation and Maintenance of Ships' Mechanical Equipment	3	541	608	1598	495

注：此表不包含技工学校相关数据。

Note: Data related to technical schools are not included in the table.

6-7 续表 continued

专 业 Speciality	专业点数（个） Number of Speciality Agencies	学生数（人） Number of Students (person)			
		毕业生 Graduates	招 生 Entrants	在校生 Enrollment	预计毕业生数 Estimated Graduates of Next Year
船舶驾驶 Ship Piloting	48	2154	3621	7298	3996
轮机管理 Engines Management	37	1289	2012	3816	1954
船舶水手与机工 Ship Sailors and Mechanics	18	426	1091	2009	369
船舶电气技术 Ship Electric Technology	8	264	25	254	137
外轮理货 Foreign Ships Freight Forwarding	7	92	58	323	192
船舶检验 Ships Inspection	1	0	20	46	26
港口机械运行与维护 Operation and Maintenance of Harbour Machinery	17	532	548	1982	652
工程潜水 Engineering Diving	2	37	23	65	14

6-8 分地区各海洋专业博士研究生情况（2018年）
Doctoral Students in Marine Specialities by Regions (2018)

地　区 Region	专业点数（个） Number of Speciality Agencies	学生数（人） Number of Students (person)			
		毕业生 Graduates	招　生 Entrants	在校生 Enrollment	预计毕业生数 Estimated Graduates of Next Year
合　计 Total	**143**	**783**	**1234**	**5321**	**2555**
北　京 Beijing	12	172	213	777	302
天　津 Tianjin	1	9	7	30	9
辽　宁 Liaoning	8	37	72	408	251
上　海 Shanghai	19	78	129	562	241
江　苏 Jiangsu	11	53	100	568	296
浙　江 Zhejiang	7	33	63	263	120
福　建 Fujian	8	40	72	299	107
山　东 Shandong	15	154	203	918	519
广　东 Guangdong	17	37	76	251	100
广　西 Guangxi	1	0	0	6	5
海　南 Hainan	1	0	8	19	2
其　他 Others	43	170	291	1220	603

6-9 分地区各海洋专业硕士研究生情况（2018年）
Postgraduate Students in Marine Specialities by Regions (2018)

地　区 Region	专业点数 （个） Number of Speciality Agencies	学生数（人） Number of Students (person)			
		毕业生 Graduates	招 生 Entrants	在校生 Enrollment	预计毕业生数 Estimated Graduates of Next Year
合　计 Total	**311**	**2970**	**3863**	**10917**	**3404**
北　京 Beijing	20	182	257	754	232
天　津 Tianjin	11	78	127	313	85
河　北 Hebei	5	11	14	36	10
辽　宁 Liaoning	26	314	380	1077	336
上　海 Shanghai	22	319	543	1387	379
江　苏 Jiangsu	24	331	391	1151	370
浙　江 Zhejiang	25	277	290	870	289
福　建 Fujian	17	158	209	564	164
山　东 Shandong	35	286	429	1191	339
广　东 Guangdong	23	167	229	639	189
广　西 Guangxi	3	13	12	48	21
海　南 Hainan	3	21	26	74	23
其　他 Others	97	813	956	2813	967

6-10 分地区普通高等教育各海洋专业本科学生情况（2018年）

Undergraduates in the Marine Specialities of Ordinary Higher Education by Regions (2018)

地 区 Region	专业点数（个） Number of Speciality Agencies	学生数（人） Number of Students (person)			
		毕业生 Graduates	招 生 Entrants	在校生 Enrollment	预计毕业生数 Estimated Graduates of Next Year
合 计 Total	**299**	**19006**	**22132**	**85460**	**21178**
北 京 Beijing	4	149	233	718	153
天 津 Tianjin	15	933	768	3809	1035
河 北 Hebei	12	429	459	1713	484
辽 宁 Liaoning	26	2239	2794	10331	2428
上 海 Shanghai	17	1166	1295	5439	1507
江 苏 Jiangsu	32	1420	2178	7933	1860
浙 江 Zhejiang	28	1242	1352	5277	1376
福 建 Fujian	17	1495	1643	6563	1779
山 东 Shandong	34	2343	2980	11162	2753
广 东 Guangdong	25	1934	2587	8256	1682
广 西 Guangxi	9	246	692	2242	453
海 南 Hainan	10	115	658	1819	286
其 他 Others	70	5295	4493	20198	5382

6-11 分地区普通高等教育各海洋专业专科学生情况（2018年）
Students from Marine Specialities of the Colleges for Professional Training in the Ordinary Higher Education by Regions (2018)

地　区 Region	专业点数（个） Number of Speciality Agencies	学生数（人） Number of Students (person)			
		毕业生 Graduates	招生 Entrants	在校生 Enrollment	预计毕业生数 Estimated Graduates of Next Year
合　计 **Total**	**939**	**54670**	**48040**	**149295**	**51453**
北　京 Beijing	2	50	138	331	133
天　津 Tianjin	29	3213	2700	8224	2860
河　北 Hebei	52	1738	1329	4335	1534
辽　宁 Liaoning	60	4777	3425	11049	4124
上　海 Shanghai	23	1112	673	2798	1122
江　苏 Jiangsu	73	4615	3129	11688	4647
浙　江 Zhejiang	42	3287	2196	8185	2925
福　建 Fujian	49	2488	2618	7800	2466
山　东 Shandong	111	8240	6695	20856	7282
广　东 Guangdong	39	2111	2148	7048	2356
广　西 Guangxi	47	1664	1752	5016	1571
海　南 Hainan	12	551	547	1479	419
其　他 Others	400	20824	20690	60486	20014

6-12 分地区成人高等教育各海洋专业本科学生情况（2018年）

Students from Marine Specialities in the Adult Higher Education by Regions (2018)

地 区 Region	专业点数（个） Number of Speciality Agencies	学生数（人） Number of Students (person)			
		毕业生 Graduates	招 生 Entrants	在校生 Enrollment	预计毕业生数 Estimated Graduates of Next Year
合 计 Total	**71**	**2516**	**1997**	**5114**	**2283**
天 津 Tianjin	2	45	5	9	4
河 北 Hebei	2	23	4	4	0
辽 宁 Liaoning	8	269	309	634	325
上 海 Shanghai	4	137	184	487	111
江 苏 Jiangsu	6	1315	947	2566	1113
浙 江 Zhejiang	3	4	10	25	15
福 建 Fujian	1	8	0	0	0
山 东 Shandong	12	127	252	402	146
广 东 Guangdong	9	180	92	328	199
广 西 Guangxi	3	4	6	12	6
其 他 Others	21	404	188	647	364

6-13 分地区成人高等教育各海洋专业专科学生情况（2018年）

Students from Marine Specialities of the Colleges for Professional Training in the Adult Higher Education by Regions (2018)

地　区 Region	专业点数（个） Number of Speciality Agencies	学生数（人） Number of Students (person)			
		毕业生 Graduates	招　生 Entrants	在校生 Enrollment	预计毕业生数 Estimated Graduates of Next Year
合　计 **Total**	**314**	**6775**	**5216**	**14200**	**6892**
天　津 Tianjin	3	43	1	17	16
河　北 Hebei	9	282	362	652	238
辽　宁 Liaoning	29	912	280	931	566
上　海 Shanghai	11	495	127	887	404
江　苏 Jiangsu	32	719	666	1562	675
浙　江 Zhejiang	13	49	91	412	321
福　建 Fujian	5	328	370	968	318
山　东 Shandong	27	370	371	736	365
广　东 Guangdong	11	178	40	338	283
广　西 Guangxi	8	25	84	100	16
海　南 Hainan	2	5	0	3	3
其　他 Others	164	3369	2824	7594	3687

6-14 分地区中等职业教育各海洋专业学生情况（2018年）
Students from Marine Specialities in the Secondary Vocational Education by Regions (2018)

地　区 Region	专业点数（个） Number of Speciality Agencies	学生数（人） Number of Students (person)			
		毕业生 Graduates	招生 Entrants	在校生 Enrollment	预计毕业生数 Estimated Graduates of Next Year
合　计 Total	**232**	**11092**	**15042**	**33266**	**15416**
天　津 Tianjin	4	629	675	1365	590
河　北 Hebei	12	507	591	2081	658
辽　宁 Liaoning	22	494	281	1105	473
上　海 Shanghai	14	1086	1459	3600	1093
江　苏 Jiangsu	22	849	781	2539	727
浙　江 Zhejiang	12	477	382	1031	354
福　建 Fujian	24	2918	5893	6877	6340
山　东 Shandong	31	1229	1295	3423	1241
广　东 Guangdong	12	368	436	1153	360
广　西 Guangxi	9	387	817	2664	867
海　南 Hainan	2	21	49	158	64
其　他 Others	68	2127	2383	7270	2649

6-15 分地区开设海洋专业高等学校教职工数（2018年）
Number of Teaching and Administrative Staff in the Universities and Colleges Offering Marine Specialities by Regions (2018)

地　区 Region	学校（机构）数（个） Number of Colleges (Institutions) (unit)	教职工数（人） Number of Teaching and Administrative Staff (person)	专任教师数（人） Number of Full-Time Teachers (person)
合　计 Total	**598**	**778389**	**508727**
北　京 Beijing	11	28699	19330
天　津 Tianjin	14	16925	11228
河　北 Hebei	34	34556	23101
辽　宁 Liaoning	25	23897	15867
上　海 Shanghai	19	28936	16023
江　苏 Jiangsu	51	75210	50659
浙　江 Zhejiang	24	33693	20787
福　建 Fujian	23	28702	17125
山　东 Shandong	51	68102	46148
广　东 Guangdong	33	59170	35020
广　西 Guangxi	21	21413	14451
海　南 Hainan	9	7568	4874
其　他 Others	283	351518	234114

主要统计指标解释

海洋专业 指高等教育和中等职业教育所设的与海洋有关的专业。

Explanatory Notes on Main Statistical Indicators

Marine Speciality refers to the marine-related speciality in the higher education and the secondary vocational education.

7

海洋生态环境与防灾减灾

Marine Ecological Environment and Disaster Mitigation

7-1 管辖海域未达到第一类海水水质标准的海域面积（2018年）

Sea Area under National Jurisdiction with Water Quality Not Reaching Standard of Grade I (2018)

海　区 Sea Area	合　计 （平方千米） Total (km^2)	第二类水质海域面积 （平方千米） Area of the Second Grade Sea Waters (km^2)	第三类水质海域面积 （平方千米） Area of the Third Grade Sea Waters (km^2)
管辖海域 Sea Area under National Jurisdiction	**109790**	**38070**	**22320**
渤　海 Bohai Sea	21560	10830	4470
黄　海 Yellow Sea	26090	10350	6890
东　海 East China Sea	44360	11390	6480
南　海 South China Sea	17780	5500	4480

注：数据为夏季监测数据。

Note: The data are the monitoring data in summer.

7-1 续表 continued

海 区 Sea Area	第四类水质海域面积（平方千米） Area of the Fourth Grade Sea Waters (km^2)	劣于第四类水质海域面积（平方千米） Sea Area of the Sea Waters Inferior to the Fourth Grade (km^2)	主要超标要素 Dominant Indicators Exceeding the Standard
管辖海域 Sea Area under National Jurisdiction	**16130**	**33270**	**无机氮、活性磷酸盐 Inorganic Nitrogen, Active Phosphate**
渤 海 Bohai Sea	2930	3330	无机氮、活性磷酸盐 Inorganic Nitrogen, Active Phosphate
黄 海 Yellow Sea	6870	1980	无机氮、活性磷酸盐 Inorganic Nitrogen, Active Phosphate
东 海 East China Sea	4380	22110	无机氮、活性磷酸盐 Inorganic Nitrogen, Active Phosphate
南 海 South China Sea	1950	5850	无机氮、活性磷酸盐和石油类 Inorganic Nitrogen, Active Phosphate, Petroleum

7-2 海区废弃物海洋倾倒情况（2018年）
Ocean Dumping of Wastes by Sea Area (2018)

海　区 Sea Area	海洋废弃物 （万立方米） Ocean Dumping Wastes (10000 m^3)
合　计 **Total**	**20067**
渤黄海 Bohai Sea and Yellow Sea	5645
东　海 East China Sea	8292
南　海 South China Sea	6130

7-3 海区海洋石油勘探开发污染物排放入海情况（2018年）
Discharge of Pollutants into the Sea from Offshore Oil Exploration and Exploitation (2018)

海　区 Sea Area	生产污水 （万立方米） Production Sewage (10000 m^3)	泥浆 （立方米） Sludge (m^3)	钻屑 （立方米） Debris from Drilling (m^3)	生活污水 （万立方米） Domestic Sewage (10000 m^3)
合　计 Total	17149.3	53993.8	64605.0	84.5
渤黄海 Bohai Sea and Yellow Sea	789.6	10602.7	28226.9	44.6
东　海 East China Sea	171.4	239.8	1337.1	4.5
南　海 South China Sea	16188.3	43151.3	35041.0	35.4

7-4 全国海洋自然保护区建设情况（2018年）
Construction of Marine Nature Reserves (2018)

地　区 Region	保护区面积 （平方千米） Area of Nature Reserves (km^2)	保护区数量 （个） Number of Nature Reserves	按保护级别分（个） by Level of Protection	
			国家级 National	地方级 Provincial
合　计 Total	**29684**	**52**	**14**	**38**
天　津 Tianjin	359	1	1	0
河　北 Hebei	379	2	1	1
辽　宁 Liaoning	843	4	1	3
上　海 Shanghai	10	1	0	1
江　苏 Jiangsu	91	1	0	1
浙　江 Zhejiang	686	2	2	0
福　建 Fujian	514	5	1	4
山　东 Shandong	1052	8	1	7
广　东 Guangdong	1479	22	3	19
广　西 Guangxi	110	2	2	0
海　南 Hainan	24160	4	2	2

7-5 全国海洋特别保护区建设情况（2018年）
Construction of Marine Special Reserves (2018)

地 区 Region	保护区面积（平方千米） Area of Nature Reserves (km^2)	保护区数量（个） Number of Nature Reserves	按保护级别分（个） by Level of Protection	
			国家级 National	地方级 Provincial
合 计 Total	**8305**	**107**	**67**	**40**
天 津 Tianjin	34	1	1	0
河 北 Hebei	102	1	1	0
辽 宁 Liaoning	1422	10	10	0
上 海 Shanghai	0	0	0	0
江 苏 Jiangsu	577	3	3	0
浙 江 Zhejiang	1730	12	7	5
福 建 Fujian	957	37	7	30
山 东 Shandong	3208	32	28	4
广 东 Guangdong	120	6	6	0
广 西 Guangxi	60	2	2	0
海 南 Hainan	95	3	2	1

7-6 全国重点海洋生态监测区域基本情况（2018年）

Basic Condition of the Key Marine Ecological Monitored Areas Throughout the Country (2018)

重点监测区域 Key Monitored Area	所在地 Location	面积（平方千米） Area (km^2)	主要生态系统类型 Major Types of Ecosystem	多样性指数 Diversity Indices		
				浮游植物 Phyto-plankton	大型浮游动物 Macrozoo-plankton	大型底栖生物 Macrobenthos
滦河口-北戴河 Luanhe-Beidaihe Estuary	河北省 Hebei Province	900	河口 Estuary	2.44	1.46	1.52
黄河口 Yellow River Estuary	山东省 Shandong Province	2600	河口 Estuary	2.22	2.06	2.18
长江口 Yangtze River Estuary	上海市 Shanghai Municipality	13668	河口 Estuary	1.17	1.87	2.07
珠江口 Pearl River Estuary	广东省 Guangdong Province	3980	河口 Estuary	1.86	2.46	0.61
锦州湾 Jinzhou Bay	辽宁省 Liaoning Province	650	海湾 Bay	2.66	1.35	1.00
渤海湾 Bohai Bay	天津市 Tianjin Municipality	3000	海湾 Bay	1.18	1.96	2.46
莱州湾 Laizhou Bay	山东省 Shandong Province	3770	海湾 Bay	1.95	1.44	3.20
胶州湾 Jiaozhou Bay	山东省 Shandong Province	64	海湾 Bay	1.92	1.89	2.66

注：数据为夏季监测数据；
生物多样性指数是生物种数和种类间个体数量分配均匀性的综合表现，用Shannon-Wiener多样性指数表征。

Note: The data are the monitoring data in summer.
Biodiversity index refers to the comprehensive expression of the distributive homogeneity of the number of biological species and the number of individuals between varieties characterized by the Shannon-Wiener biodiversity index.

7-6 续表 continued

重点监测区域 Key Monitored Area	所在地 Location	面积（平方千米） Area (km^2)	主要生态系统类型 Major Types of Ecosystem	多样性指数 Diversity Indices		
				浮游植物 Phyto-plankton	大型浮游动物 Macrozoo-plankton	大型底栖生物 Macrobenthos
杭州湾 Hangzhou Bay	上海市 浙江省 Shanghai Municipality Zhejiang Province	5000	海湾 Bay	1.97	1.86	0.36
乐清湾 Yueqing Bay	浙江省 Zhejiang Province	464	海湾 Bay	2.19	2.37	2.20
闽东沿岸 Coastal East Fujian	福建省 Fujian Province	5063	海湾 Bay	3.28	3.00	2.79
大亚湾 Daya Bay	广东省 Guangdong Province	1200	海湾 Bay	1.40	2.28	1.38
苏北浅滩 Northern Jiangsu Wetland	江苏省 Jiangsu Province	15400	滩涂湿地 Tidal Flat Wetland	2.49	2.10	1.83
长兴岛 Changxing Island	辽宁省 Liaoning Province	39	海岛 Island	2.73	2.70	2.44
庙岛群岛 Miaodao Islands	山东省 Shandong Province	48	海岛 Island	3.14	1.96	3.54

7-7 沿海地区风暴潮灾害情况（2018年）
Survey of Storm Surges Disasters by Coastal Regions (2018)

受灾地区 Disaster Area	死亡（含失踪）人数 （人） (Includes missing people) Death Toll (person)	直接经济损失 （亿元） Direct Economic Loss (100 million yuan)
合　计 **Total**	**3**	**44.56**
天　津 Tianjin	0	0.00
河　北 Hebei	0	0.93
辽　宁 Liaoning	3	0.00
上　海 Shanghai	0	0.54
江　苏 Jiangsu	0	0.80
浙　江 Zhejiang	0	5.71
福　建 Fujian	0	11.41
山　东 Shandong	0	0.62
广　东 Guangdong	0	23.70
广　西 Guangxi	0	0.85
海　南 Hainan	0	0.00

7-8 沿海地区赤潮灾害情况（2018年）
Survey of Red Tide Disasters by Coastal Regions (2018)

时　间 Date	影响区域 Affected Area	最大面积 （平方千米） Max Area (km^2)
合　计 **Total**		**630**
5月27日至6月6日 May.27–Jun.6	渔山列岛至檀头山之间海域 Sea area between Yushan Islands and Tantou Mountain	210
8月7日至9日 Aug.7–Aug.9	象山港大嵩江口至西沪港部分海域 Sea area between Dasong River Estuary of Xiangshan Harbour and Xihu Harbour	120
8月9日至8月15日 Aug.9–Aug.15	舟山朱家尖至桃花岛以东海域 East Sea area from Zhoushan's Zhujiajian to Taohua Island	150
8月9日至8月15日 Aug.9–Aug.15	舟山黄兴岛至东福山海域 Sea area between Zhoushan's Huangxing Island and Dongfu Mountain	150

注：本表仅列出最大面积超过100平方千米（含）的赤潮过程。

Note: This table only lists the red tide processes with the maximum area each exceeding 100 km^2.

8

海洋行政管理及公益服务

Marine Administration and Public-Good Service

8-1 分地区海域使用管理情况（2018年）
Sea Area Use Management (2018)

地　区 Region	新增宗海数量 （宗） New Sea Parcels (parcel)	新增宗海面积 （公顷） Area of New Sea Parcels (hm^2)	海域使用金征收金额 （万元） Charge for Sea Area Use (10000 yuan)
全国总计 National Total	**1237**	**104873.51**	**494136.59**
天　津 Tianjin	3	121.37	2025.88
河　北 Hebei	74	1224.94	6364.78
辽　宁 Liaoning	185	25178.98	10762.06
上　海 Shanghai	1	266.97	16790.71
江　苏 Jiangsu	81	16252.45	6500.69
浙　江 Zhejiang	153	5837.70	260004.88
福　建 Fujian	266	7450.54	42113.09
山　东 Shandong	300	39967.13	23313.97
广　东 Guangdong	133	3710.00	106318.27
广　西 Guangxi	22	2440.89	12149.46
海　南 Hainan	11	1833.38	2109.94
其　他 Others	8	589.16	5682.86

注：其他为沿海省（自治区、直辖市）管理海域以外（指渤海中部海域）。

Note: Others are the sea areas outside the control of coastal provinces, autonomous regions and municipalities directly under the Central Government (Referring to the Central Bohai Sea area).

8-2 全国无居民海岛开发利用管理情况（2018年）
Development and Utilization Management of Uninhabited Islands (2018)

指　标 Item	指标值 Data
用岛数量 （个） Number of Islands (unit)	5
用岛面积 （公顷） Use Area of Islands (hm^2)	5.5
海岛使用金征收金额 （万元） Collection Amount of Island Royalty (10000 yuan)	260.5
用　途 Use	工业、旅游娱乐、公益服务 Industry, Tourism and Recreation, Public-Good Service

8-3 沿海地区海滨观测台站分布概况（2018年）
Distribution of Coastal Observation Stations by Coastal Regions (2018)

单位：个　　(unit)

地　区 Region	合　计 Total	海洋站 Marine Station	验潮站① Tide Station	气象台站 Meteorological Station	地震台站 Seismic Station
合　计 Total	**1285**	**156**	**263**	**556**	**157**
天　津 Tianjin	**38**	3	2	15	9
河　北 Hebei	**88**	7		3	42
辽　宁 Liaoning	**167**	13	3	115	18
上　海 Shanghai	**130**	9	61	56	2
江　苏 Jiangsu	**135**	13	57	34	15
浙　江 Zhejiang	**119**	25	37	45	6
福　建 Fujian	**192**	17	11	136	14
山　东 Shandong	**133**	26	3	52	26
广　东 Guangdong	**158**	21	81	33	11
广　西 Guangxi	**49**	7	5	19	9
海　南 Hainan	**76**	15	3	48	5

注：①潮流量观测站78处，潮水位观测站185处。

Note: ①There are 78 tidal current observation stations and 185 tidal level observation stations.

8-4 国家级海洋预报服务概况（2018年）
National Level Marine Forecast Service (2018)

单位：次 (time)

预报项目 Item	数值预报 Numerical Forecast			
	预报服务次数 Frequency	发布次数 Frequency of Release		
		广播电视 Radio and TV	互联网 Internet	纸质 Paper Media
合 计 Total	**7598**	**365**	**7585**	**13**
海 浪 Sea Wave	730	365	730	
海 温 Sea Surface Temperature	2190		2190	
潮 汐 Tide				
海 流 Sea Current	2190		2190	
海平面 Sea Level				
盐 度 Salinity	2190		2190	
赤 潮 Red Tide				
滨海旅游 Coastal Tourism				
海 冰 Sea Ice	261		248	13
绿 潮 Green Tide				
溢 油 Oil Spill				
厄尔尼诺 El Niño				
专 项 Special Item	11		11	
其 他 Others	26		26	

8-4 续表 continued

预报项目 Item	统计预报 Statistical Forecast			
	预报服务次数 Frequency	发布次数 Frequency of Release		
		广播电视 Radio and TV	互联网 Internet	纸 质 Paper Media
合 计 Total	**69216**	**10565**	**32188**	**35996**
海 浪 Sea Wave	957	730	957	227
海 温 Sea Surface Temperature	2610	2190	400	
潮 汐 Tide	17120	5940		17000
海 流 Sea Current	17150	780		17500
海平面 Sea Level	500			500
盐 度 Salinity				
赤 潮 Red Tide	18		18	
滨海旅游 Coastal Tourism	2197	916	2197	730
海 冰 Sea Ice	113	9	78	26
绿 潮 Green Tide				
溢 油 Oil Spill				
厄尔尼诺 EL Niño	13			13
专 项 Special Item	28538		28538	
其 他 Others				

8-5 海洋观测情况（2018年）
Statistics on Ocean Observation (2018)

观测项目 Observation Item	志愿船 Volunteer Ship	断面 Section	台站 Station	浮标 Buoy	雷达 Radar	GNSS Global Navigation Satellite System
站点数（个） Stations (unit)	69	119①	133②	36	13	49
观测数据（MB） Data (MB)	4421.9	1097.2	14418	572.6	4280.3	58880.0

注：①计量单位为艘；②计量单位为条。

Notes: ①The unit of measurement is ship.

②The unit of measurement is piece.

8-6 海洋调查情况（2018年）
Marine Survey Statistics (2018)

调查类别 Name	站点数 （个） Number of Stations	船舶数 （艘） Number of Ships	项目数（个） Number of Items (unit)	实际获得数据（个） Quantity of Data Actually Obtained
合　计 Total	**3428**	**277**	**412**	
大洋调查 Oceanic Survey	2451	9	52	
极地调查 Polar Survey	44	3	130	977
其他调查 Other Surveys	933	265	230	4487089

注：数据来源于自然资源部北海局、东海局、南海局、中国大洋矿产资源研究开发协会办公室、中国极地研究中心、第一海洋研究所、第三海洋研究所。

Note: The data come from the North Sea, East China Sea and South China Sea Bureaus of the Ministry of Natural Resources, Office of the China Ocean Mineral Resources R&D Association, China Polar Research Centre, First Institute of Oceanography and Third Institute of Oceanography.

8-7 海洋标准化管理情况（2018年）
Management of Marine Standardization (2018)

单位：项 (item)

指　标 Item	指标值 Data
标准立项 Standards Proposal Approval	
国家标准 National Standards	50
行业标准 Professional Standards	312
标准审查 Standards Examination	
国家标准 National Standards	42
行业标准 Professional Standards	399
标准发布 Standards Issuing	
国家标准 National Standards	10
行业标准 Professional Standards	50
标准出版 Standards Publication	
国家标准 National Standards	10
行业标准 Professional Standards	50
标准实施监督检查（次） Supervision and Examination of Standards Implementation (time)	1

主要统计指标解释

1. 断面观测　每年定期利用船舶在沿海设定的断面上进行海洋水文、气象、生物、化学等项目的监测活动。

2. 浮标观测　在海上固定站位获取长期、连续海洋环境观测资料的海上锚定资料浮标。

3. 大洋调查　以大洋科考、研究为目的的远洋调查。

4. 专项调查　为完成国家专项任务进行的海洋调查。

5. 国家标准　针对海洋领域内需要在全国范围内统一的有关技术要求所制定的国家标准。海洋国家标准由国家标准化主管部门统一批准、编号和发布。

6. 行业标准　对没有海洋国家标准而又需要在海洋领域内统一的技术要求所制定的标准。海洋行业标准由自然资源部统一批准、编号和发布。

Explanatory Notes on Main Statistical Indicators

1. Sectional Monitoring refers to the monitoring activities concerning such items as marine hydrology, meteorology, biology and chemistry carried out regularly every year on the sections set in the coastal area.

2. Buoy Monitoring refers to the monitoring carried out by the offshore mooring data buoys which acquire long-term, continuous marine environmental observations at the fixed stations at sea.

3. Oceanic Survey refers to the oceanic surveys aimed at the oceanic scientific investigations and research.

4. Special Survey refers to the oceanic investigation for the purpose of fulfilling the state′s special tasks.

5. National Standards refer to the standards formulated in view of the relevant technical requirements in the marine field that need to be unified throughout the country. The marine national standards are approved, numbered and issued uniformly by the state department responsible for standardization.

6. Professional Standards refer to the standards formulated for the technical requirements which have no national standards but need to be unified in the marine field. The marine professional standards are approved, numbered and issued by the Ministry of Natural Resources.

9

全国及沿海社会经济

National and Coastal Socioeconomy

9-1 国内生产总值
Gross Domestic Product

单位：亿元 (100 million yuan)

年 份 Year	国内生产总值 Gross Domestic Product	第一产业 Primary Industry	第二产业 Secondary Industry	第三产业 Tertiary Industry
2001	110863.1	15502.5	49660.7	45700.0
2002	121717.4	16190.2	54105.5	51421.7
2003	137422.0	16970.2	62697.4	57754.4
2004	161840.2	20904.3	74286.9	66648.9
2005	187318.9	21806.7	88084.4	77427.8
2006	219438.5	23317.0	104361.8	91759.7
2007	270092.3	27674.1	126633.6	115784.6
2008	319244.6	32464.1	149956.6	136823.9
2009	348517.7	33583.8	160171.7	154762.2
2010	412119.3	38430.8	191629.8	182058.6
2011	487940.2	44781.4	227038.8	216120.0
2012	538580.0	49084.5	244643.3	244852.2
2013	592963.2	53028.1	261956.1	277979.1
2014	641280.6	55626.3	277571.8	308082.5
2015	685992.9	57774.6	282040.3	346178.0
2016	740060.8	60139.2	296547.7	383373.9
2017	820754.3	62099.5	332742.7	425912.1
2018	900309.5	64734.0	366000.9	469574.6

9-2 国内生产总值增长速度
Growth Rate of Gross Domestic Product

单位：% (%)

年 份 Year	国内生产总值 Gross Domestic Product	第一产业 Primary Industry	第二产业 Secondary Industry	第三产业 Tertiary Industry
2001	8.3	2.6	8.5	10.3
2002	9.1	2.7	9.9	10.5
2003	10.0	2.4	12.7	9.5
2004	10.1	6.1	11.1	10.1
2005	11.4	5.1	12.1	12.4
2006	12.7	4.8	13.5	14.1
2007	14.2	3.5	15.1	16.1
2008	9.7	5.2	9.8	10.5
2009	9.4	4.0	10.3	9.6
2010	10.6	4.3	12.7	9.7
2011	9.6	4.2	10.7	9.5
2012	7.9	4.5	8.4	8.0
2013	7.8	3.8	8.0	8.3
2014	7.3	4.1	7.4	7.8
2015	6.9	3.9	6.2	8.2
2016	6.7	3.3	6.3	7.7
2017	6.8	4.0	5.9	7.9
2018	6.6	3.5	5.8	7.6

注：本表按不变价格计算（上年为基期）。

Note: This table is calculated at constant price (with the previous year as the base period).

9-3 沿海地区生产总值（2018年）
Gross Regional Product of Coastal Regions (2018)

单位：亿元 (100 million yuan)

地区 Region	地区生产总值 Gross Regional Product	第一产业 Primary Industry	第二产业 Secondary Industry	第三产业 Tertiary Industry
合计 Total	**496343.9**	**26938.3**	**208899.9**	**260505.7**
天津 Tianjin	18809.6	172.7	7609.8	11027.1
河北 Hebei	36010.3	3338.0	16040.1	16632.2
辽宁 Liaoning	25315.4	2033.3	10025.1	13257.0
上海 Shanghai	32679.9	104.4	9732.5	22843.0
江苏 Jiangsu	92595.4	4141.7	41248.5	47205.2
浙江 Zhejiang	56197.2	1967.0	23505.9	30724.3
福建 Fujian	35804.0	2379.8	17232.4	16191.9
山东 Shandong	76469.7	4950.5	33641.7	37877.4
广东 Guangdong	97277.8	3831.4	40695.2	52751.2
广西 Guangxi	20352.5	3019.4	8072.9	9260.2
海南 Hainan	4832.1	1000.1	1095.8	2736.2

9-4 沿海地区生产总值增长速度
Growth Rate of Gross Regional Product of Coastal Regions

单位：% (%)

地　区 Region	2010	2011	2012	2013	2014	2015	2016	2017	2018
天　津 Tianjin	17.4	16.4	13.8	12.5	10.0	9.3	9.1	3.6	3.6
河　北 Hebei	12.2	11.3	9.6	8.2	6.5	6.8	6.8	6.6	6.6
辽　宁 Liaoning	14.2	12.2	9.5	8.7	5.8	3.0	-2.5	4.2	5.7
上　海 Shanghai	10.3	8.2	7.5	7.7	7.0	6.9	6.9	6.9	6.6
江　苏 Jiangsu	12.7	11.0	10.1	9.6	8.7	8.5	7.8	7.2	6.7
浙　江 Zhejiang	11.9	9.0	8.0	8.2	7.6	8.0	7.6	7.8	7.1
福　建 Fujian	13.9	12.3	11.4	11.0	9.9	9.0	8.4	8.1	8.3
山　东 Shandong	12.3	10.9	9.8	9.6	8.7	8.0	7.6	7.4	6.4
广　东 Guangdong	12.4	10.0	8.2	8.5	7.8	8.0	7.5	7.5	6.8
广　西 Guangxi	14.2	12.3	11.3	10.2	8.5	8.1	7.3	7.1	6.8
海　南 Hainan	16.0	12.0	9.1	9.9	8.5	7.8	7.5	7.0	5.8

注：本表按不变价格计算（上年为基期）。

Note: This table is calculated at constant price (with the previous year as the base period).

9-5 沿海城市生产总值（2017年）
Gross Regional Product of Coastal Cities (2017)

单位：亿元 (100 million yuan)

沿海城市 Coastal City		地区生产总值 Gross Regional Product	第一产业 Primary Industry	第二产业 Secondary Industry	第三产业 Tertiary Industry
合　计	**Total**	**276362.3**	**11714.9**	**116675.6**	**147971.8**
天　津	**Tianjin**	**18549.2**	**169.0**	**7593.6**	**10786.6**
河　北	**Hebei**	**11673.7**	**921.9**	**5928.8**	**4823.0**
唐　山	Tangshan	6530.0	465.7	3640.6	2423.7
秦皇岛	Qinhuangdao	1500.3	193.0	512.7	794.6
沧　州	Cangzhou	3643.4	263.2	1775.5	1604.7
辽　宁	**Liaoning**	**11930.2**	**1004.0**	**4827.0**	**6099.2**
大　连	Dalian	6989.9	408.2	2831.5	3750.2
丹　东	Dandong	787.0	125.8	241.6	419.6
锦　州	Jinzhou	1077.6	171.4	379.9	526.3
营　口	Yingkou	1270.6	95.5	556.6	618.5
盘　锦	Panjin	1087.2	88.7	527.6	470.9
葫芦岛	Huludao	717.9	114.4	289.8	313.7
上　海	**Shanghai**	**30633.0**	**110.8**	**9330.7**	**21191.5**
江　苏	**Jiangsu**	**15457.6**	**1260.3**	**7076.4**	**7120.9**
南　通	Nantong	7734.6	382.7	3639.8	3712.1
连云港	Lianyungang	2640.3	313.4	1179.9	1147.0
盐　城	Yancheng	5082.7	564.2	2256.7	2261.8
浙　江	**Zhejiang**	**42924.1**	**1513.2**	**18763.6**	**22647.3**
杭　州	Hangzhou	12603.4	311.1	4362.5	7929.8
宁　波	Ningbo	9842.1	305.8	5119.5	4416.8
温　州	Wenzhou	5411.6	144.4	2149.9	3117.3
嘉　兴	Jiaxing	4380.6	135.6	2317.9	1927.1
绍　兴	Shaoxing	5078.3	207.5	2472.5	2398.3
舟　山	Zhoushan	1219.8	140.5	402.9	676.4
台　州	Taizhou	4388.3	268.3	1938.4	2181.6
福　建	**Fujian**	**26405.7**	**1603.3**	**12895.5**	**11906.9**
福　州	Fuzhou	7104.0	519.5	2962.9	3621.6
厦　门	Xiamen	4351.1	23.2	1815.9	2512.0
莆　田	Putian	2045.2	130.3	1146.5	768.4
泉　州	Quanzhou	7548.0	198.0	4397.8	2952.2
漳　州	Zhangzhou	3563.5	430.4	1695.9	1437.2
宁　德	Ningde	1793.9	301.9	876.5	615.5

注：各省数据为沿海城市合计数。数据来源于各省统计年鉴。

Note: The data for the provinces are the total of coastal cities. The data come from provincial statistical yearbook.

9-5 续表 continued

沿海城市 Coastal City		地区生产总值 Gross Regional Product	第一产业 Primary Industry	第二产业 Secondary Industry	第三产业 Tertiary Industry
山　东	**Shandong**	**36160.1**	**2139.7**	**17049.9**	**16970.5**
青　岛	Qingdao	11024.1	368.9	4546.2	6109.0
东　营	Dongying	3814.4	138.2	2391.7	1284.5
烟　台	Yantai	7343.6	485.8	3674.4	3183.4
潍　坊	Weifang	5855.0	491.1	2671.3	2692.6
威　海	Weihai	3513.0	269.0	1580.5	1663.5
日　照	Rizhao	2008.9	158.3	963.5	887.1
滨　州	Binzhou	2601.1	228.4	1222.3	1150.4
广　东	**Guangdong**	**77426.9**	**2349.7**	**31137.1**	**43940.1**
广　州	Guangzhou	21503.2	220.5	6011.0	15271.7
深　圳	Shenzhen	22490.1	19.6	9318.1	13152.4
珠　海	Zhuhai	2675.2	48.8	1287.2	1339.2
汕　头	Shantou	2351.0	103.4	1182.7	1064.9
江　门	Jiangmen	2690.3	187.4	1325.0	1177.9
湛　江	Zhanjiang	2806.9	491.2	1059.0	1256.7
茂　名	Maoming	2904.0	470.2	1131.2	1302.6
惠　州	Huizhou	3830.6	166.6	2017.2	1646.8
汕　尾	Shanwei	850.9	124.4	383.6	342.9
阳　江	Yangjiang	1311.5	211.5	484.5	615.5
东　莞	Dongguan	7582.1	22.9	3663.2	3896.0
中　山	Zhongshan	3430.3	55.6	1725.0	1649.7
潮　州	Chaozhou	1012.9	70.6	505.6	436.7
揭　阳	Jieyang	1987.9	157.0	1043.8	787.1
广　西	**Guangxi**	**3281.3**	**514.8**	**1714.9**	**1051.6**
北　海	Beihai	1229.8	190.5	668.7	370.6
防城港	Fangchenggang	741.6	89.3	421.2	231.1
钦　州	Qinzhou	1309.9	235.0	625.0	449.9
海　南	**Hainan**	**1920.5**	**128.2**	**358.1**	**1434.2**
海　口	Haikou	1390.6	62.5	252.2	1075.9
三　亚	Sanya	529.8	65.7	105.9	358.3

9-6 县级单位主要统计指标
Main Indicators of Regions at County Level

单位：万元　　(10000 yuan)

沿海县 Coastal County		第一产业增加值 Value-added of Primary Industry		第二产业增加值 Value-added of Secondary Industry	
		2017	2018	2017	2018
合　计	**Total**	**61306416**	**64652231**	**276302869**	**296863447**
河　北	**Hebei**	**3052209**	**3233085**	**8367330**	**9176677**
丰　南	Fengnan	388541	410593	3341991	3834621
滦　南	Luannan	683556	740338	1103005	1252796
乐　亭	Laoting	731003	754411	1245124	1435627
昌　黎	Changli	592503	612048	1031717	1230123
抚　宁	Funing	288982	304143	275706	269690
黄　骅	Huanghua	297937	325598	1136204	953463
海　兴	Haixing	69687	85954	233583	200357
辽　宁	**Liaoning**	**6290742**	**6780136**	**13515990**	**15593440**
长　海	Changhai	524869	503115	77038	77671
瓦房店	Wafangdian	838724	1019378	4587320	5201280
普兰店	Pulandian	694452	728776	2141518	2473487
庄　河	Zhuanghe	1079802	1133486	2674899	3244677
东　港	Donggang	652950	708344	727720	730393
凌　海	Linghai	457207	475115	370934	426205
盖　州	Gaizhou	415359	451512	573088	583416
大　洼	Dawa	502874	533026	1223254	1404242
盘　山	Panshan	350111	399088	514199	771239
绥　中	Suizhong	506257	549125	461117	511843
兴　城	Xingcheng	268137	279171	164903	168987

注：各省数据为沿海县合计数。

Note: The data for the provinces are the total of coastal counties.

9-6 续表1 continued

沿海县 Coastal County	第一产业增加值 Value-added of Primary Industry		第二产业增加值 Value-added of Secondary Industry	
	2017	2018	2017	2018
江 苏 **Jiangsu**	**8975830**	**9346400**	**37587656**	**40253900**
海 安 Hai'an	588287	614100	4124500	4674000
如 东 Rudong	713686	752200	3912129	4391300
启 东 Qidong	691322	720400	4750950	5053400
海 门 Haimen	560078	588000	5630577	6095100
赣 榆 Ganyu	905354	912600	2787500	2807900
东 海 Donghai	697942	734600	2116300	2077800
灌 云 Guanyun	661274	691500	1621500	1590600
灌 南 Guannan	540177	572400	1631900	1621200
响 水 Xiangshui	414227	428200	1563500	1739100
滨 海 Binhai	607417	634500	1796700	1937500
射 阳 Sheyang	841748	876700	1819400	1967100
东 台 Dongtai	951762	990300	3292900	3561200
大 丰 Dafeng	802556	830900	2539800	2737700
浙 江 **Zhejiang**	**7254283**	**7304457**	**68386959**	**75446169**
象 山 Xiangshan	707211	734160	2039594	2255890
宁 海 Ninghai	429634	434043	2793094	3159675
余 姚 Yuyao	447730	440840	5893314	6424287
慈 溪 Cixi	530332	522413	9337171	10525944
奉 化 Fenghua	304169	300134	3195823	3552096
洞 头 Dongtou	63190	56606	309794	366188
平 阳 Pingyang	166330	169213	1522953	1792544
苍 南 Cangnan	324651	330186	1903003	2012341
瑞 安 Rui'an	230962	236413	3541767	3853664
乐 清 Yueqing	201865	200004	4168836	4566244
海 盐 Haiyan	168811	166671	2696389	2938511
海 宁 Haining	177519	176313	4794040	5380163
平 湖 Pinghu	119934	119082	3554901	4172281

9-6 续表2 continued

沿海县 Coastal County	第一产业增加值 Value-added of Primary Industry		第二产业增加值 Value-added of Secondary Industry	
	2017	2018	2017	2018
柯 桥 Keqiao	356140	351238	6866857	7088693
上 虞 Shangyu	459445	465809	4383856	4717691
岱 山 Daishan	398400	431695	755700	816627
嵊 泗 Shengsi	310800	322000	159100	164000
玉 环 Yuhuan	341093	343698	2846877	3145111
三 门 Sanmen	297727	307058	772155	863239
温 岭 Wenling	753120	751060	4058581	4547930
临 海 Linhai	465220	445821	2793154	3103050
福 建 **Fujian**	**8548557**	**9256997**	**57572814**	**63283618**
连 江 Lianjiang	1271913	1358675	1864447	2039177
罗 源 Luoyuan	401056	439929	1346212	1433447
平 潭 Pingtan	337231	345510	653400	718517
福 清 Fuqing	882904	951498	5082769	5436994
长 乐 Changle	491522	538082	4706738	5015332
仙 游 Xianyou	176589	189219	1736353	2016324
惠 安 Hui'an	296036	303840	6448957	7442444
金 门 Jinmen				
石 狮 Shishi	254482	254995	3905000	4125569
晋 江 Jinjiang	198806	202988	11953300	13336858
南 安 Nan'an	267277	274956	5764100	6128094
云 霄 Yunxiao	268060	373236	977860	1056617
漳 浦 Zhangpu	698028	758520	1404383	1747872
诏 安 Zhao'an	453708	479332	1086956	1203406
东 山 Dongshan	340793	380363	949182	1071091
龙 海 Longhai	667756	732557	4569448	4890665
霞 浦 Xiapu	573687	639438	635667	664195
福 安 Fu'an	463648	482146	2511556	2909072
福 鼎 Fuding	505061	551713	1976486	2047944

9-6 续表3 continued

沿海县 Coastal County		第一产业增加值 Value-added of Primary Industry		第二产业增加值 Value-added of Secondary Industry	
		2017	2018	2017	2018
山 东	**Shandong**	**9841133**	**10680792**	**62056539**	**64655358**
胶 州	Jiaozhou	493786	532700	5874700	6039500
即 墨	Jimo	668810	708400	7117600	7617200
垦 利	Kenli	209539	280079	2655488	2785281
利 津	Lijin	291317	318692	1558257	1728877
广 饶	Guangrao	440814	446138	5668694	5971015
长 岛	Changdao	395339	429250	44689	44080
龙 口	Longkou	394819	305000	6731002	6949000
莱 阳	Laiyang	441244	460749	1759935	1844710
莱 州	Laizhou	713801	770483	3832832	3991338
蓬 莱	Penglai	437250	474680	2538816	2637462
招 远	Zhaoyuan	421777	448497	3763927	3967951
海 阳	Haiyang	715198	770780	1184224	1252598
寿 光	Shouguang	1020553	994400	3463000	3556100
昌 邑	Changyi	385117	478100	2255200	2277100
文 登	Wendeng	628546	687553	3811213	3797261
荣 成	Rongcheng	912190	1224391	5152536	5140238
乳 山	Rushan	431392	471028	2550217	2554386
无 棣	Wudi	457844	476037	1467459	1917924
沾 化	Zhanhua	381797	403835	626750	583337
广 东	**Guangdong**	**10313635**	**10711273**	**23589744**	**23004135**
南 澳	Nan'ao	47936	87371	60555	65431
台 山	Taishan	649236	661704	2115751	2363014
恩 平	Enping	187775	205353	569004	592933
遂 溪	Suixi	1070753	1187126	821873	841112
徐 闻	Xuwen	780168	835573	125897	170428

9-6 续表4 continued

沿海县 Coastal County		第一产业增加值 Value-added of Primary Industry		第二产业增加值 Value-added of Secondary Industry	
		2017	2018	2017	2018
廉 江	Lianjiang	1004172	1095806	2372761	2682292
雷 州	Leizhou	1103989	1216685	289841	299046
吴 川	Wuchuan	285059	310462	1218401	1190053
电 白	Dianbai	1209491	1266524	2438181	2575608
惠 东	Huidong	505651	466315	3009811	2294934
海 丰	Haifeng	414087	327773	1457291	1078154
陆 丰	Lufeng	576540	598000	1184174	1273800
阳 西	Yangxi	547872	569673	755001	745704
阳 东	Yangdong	489155	509488	1436149	1354309
饶 平	Raoping	440994	490900	1109500	1048100
揭 东	Jiedong	406970	350784	3045622	2799640
惠 来	Huilai	593787	531736	1579932	1629577
广 西	**Guangxi**	**1120058**	**1176503**	**1112138**	**1005578**
合 浦	Hepu	932476	978122	662309	644440
东 兴	Dongxing	187582	198381	449829	361138
海 南	**Hainan**	**5909969**	**6162588**	**4113699**	**4444572**
琼 海	Qionghai	796460	823319	326132	383343
儋 州	Danzhou				
文 昌	Wenchang	754516	813325	487897	559935
万 宁	Wanning	624000	652683	419000	494365
东 方	Dongfang	425537	449445	657227	789145
澄 迈	Chengmai	750056	776900	1146290	1025446
临 高	Lingao	1122219	1152662	109608	122523
昌 江	Changjiang	293386	306303	505548	543023
乐 东	Ledong	693021	728149	170580	196129
陵 水	Lingshui	450774	459802	291417	330663

9-6 续表5 continued

沿海县 Coastal County	公共财政收入 Public Revenue of Local Governments		公共财政支出 Public Expenditure of Local Governments	
	2017	2018	2017	2018
合 计 **Total**	**42296041**	**43219464**	**67457998**	**74312532**
河 北 **Hebei**	**992954**	**1150679**	**2102715**	**2534199**
丰 南 Fengnan	397342	448170	508356	634882
滦 南 Luannan	110058	126660	275218	346872
乐 亭 Laoting	137076	157405	293370	352785
昌 黎 Changli	106018	145988	294380	339999
抚 宁 Funing	40884	41076	178043	189216
黄 骅 Huanghua	163726	188008	397398	492037
海 兴 Haixing	37850	43372	155950	178408
辽 宁 **Liaoning**	**2103041**	**2402996**	**4558211**	**5020734**
长 海 Changhai	47000	40010	147385	105658
瓦房店 Wafangdian	511356	633311	847370	891962
普兰店 Pulandian	165914	183448	395773	424102
庄 河 Zhuanghe	261683	358078	623180	689444
东 港 Donggang	131039	144011	417889	459905
凌 海 Linghai	100209	107899	349697	331979
盖 州 Gaizhou	227035	89760	264189	379791
大 洼 Dawa	311372	415663	527279	630245
盘 山 Panshan	127352	180308	277586	296439
绥 中 Suizhong	108488	123086	332965	381429
兴 城 Xingcheng	111593	127422	374898	429780

9-6 续表6 continued

沿海县 Coastal County		公共财政收入 Public Revenue of Local Governments		公共财政支出 Public Expenditure of Local Governments	
		2017	2018	2017	2018
江　苏	**Jiangsu**	**5278702**	**5486922**	**9947066**	**11099789**
海　安	Hai'an	600135	617149	864704	1124934
如　东	Rudong	555588	575510	1081022	1191789
启　东	Qidong	711282	723051	926737	952257
海　门	Haimen	725403	710074	937857	1027114
赣　榆	Ganyu	231745	258097	615787	695891
东　海	Donghai	211167	230035	619818	667483
灌　云	Guanyun	205658	223254	548464	565708
灌　南	Guannan	218838	224977	501895	534079
响　水	Xiangshui	239012	253504	550081	615414
滨　海	Binhai	273002	289405	753553	809997
射　阳	Sheyang	241800	263600	751108	851088
东　台	Dongtai	540066	567000	949430	1153415
大　丰	Dafeng	525006	551266	846610	910620
浙　江	**Zhejiang**	**11803898**	**13556569**	**15538906**	**17913472**
象　山	Xiangshan	392698	409984	702706	686585
宁　海	Ninghai	554779	616311	800286	834266
余　姚	Yuyao	906480	1006321	1026808	1153702
慈　溪	Cixi	1573080	1800004	1514577	1885582
奉　化	Fenghua	429354	494700	684824	718765
洞　头	Dongtou	71022	81758	223016	279707
平　阳	Pingyang	297950	395628	602825	715866
苍　南	Cangnan	337222	377207	806195	1053672
瑞　安	Rui'an	634679	710898	982303	1091299
乐　清	Yueqing	794030	943017	952075	1159263
海　盐	Haiyan	406520	475231	487021	611813
海　宁	Haining	777242	889957	819513	831452
平　湖	Pinghu	688688	818818	735843	867500

9-6 续表7 continued

沿海县 Coastal County		公共财政收入 Public Revenue of Local Governments		公共财政支出 Public Expenditure of Local Governments	
		2017	2018	2017	2018
柯　桥	Keqiao	1140629	1263560	1018938	1128860
上　虞	Shangyu	701094	826461	725852	864179
岱　山	Daishan	155195	241540	415997	541712
嵊　泗	Shengsi	66659	72008	240756	281392
玉　环	Yuhuan	484919	533376	646672	699759
三　门	Sanmen	167830	186290	405848	483152
温　岭	Wenling	680900	772850	911183	1078061
临　海	Linhai	542928	640650	835668	946885
福　建	**Fujian**	**8950789**	**7598720**	**10848375**	**10855531**
连　江	Lianjiang	461308	486628	666093	706249
罗　源	Luoyuan	127210	149474	317661	303733
平　潭	Pingtan	296708	605548	886147	1347377
福　清	Fuqing	1003125	1310062	880935	988390
长　乐	Changle	650320	766436	658720	615868
仙　游	Xianyou	320103	244605	535935	497477
惠　安	Hui’an	388887	302295	672935	551949
金　门	Jinmen				
石　狮	Shishi	601069	418213	530832	542909
晋　江	Jinjiang	2122345	1351988	1458274	1355106
南　安	Nan’an	702869	459874	741801	681769
云　霄	Yunxiao	113332	81926	327597	282891
漳　浦	Zhangpu	292578	212871	571957	494463
诏　安	Zhao’an	92821	71244	327595	370069
东　山	Dongshan	176299	110807	278675	213063
龙　海	Longhai	876402	570710	783368	732099
霞　浦	Xiapu	122458	130786	368761	359466
福　安	Fu’an	347640	42736	433087	424242
福　鼎	Fuding	255315	282517	408002	388411

9-6 续表8 continued

沿海县 Coastal County		公共财政收入 Public Revenue of Local Governments		公共财政支出 Public Expenditure of Local Governments	
		2017	2018	2017	2018
山 东	**Shandong**	**8917858**	**9441715**	**10904839**	**11860764**
胶 州	Jiaozhou	965177	1003788	1089059	1169575
即 墨	Jimo	1043467	1111918	1282609	1687264
垦 利	Kenli	227177	243158	288000	311166
利 津	Lijin	137800	150117	276113	297146
广 饶	Guangrao	410311	443511	499185	506725
长 岛	Changdao	12802	14354	82363	94553
龙 口	Longkou	980017	1044617	946538	1038079
莱 阳	Laiyang	181187	220716	358880	432279
莱 州	Laizhou	582092	615007	618487	665486
蓬 莱	Penglai	327418	351975	391333	422471
招 远	Zhaoyuan	575000	612500	571086	611626
海 阳	Haiyang	303766	323606	396169	412265
寿 光	Shouguang	903102	934769	954598	992904
昌 邑	Changyi	307943	317140	406138	446908
文 登	Wendeng	516866	537598	634930	652151
荣 成	Rongcheng	719298	748499	1023568	998279
乳 山	Rushan	317559	330268	438782	445043
无 棣	Wudi	297926	322124	419097	446135
沾 化	Zhanhua	108950	116050	227904	230709
广 东	**Guangdong**	**1963136**	**1984265**	**8185693**	**9123168**
南 澳	Nan'ao	23119	26164	141804	126005
台 山	Taishan	266888	292425	505891	622878
恩 平	Enping	105083	114041	269555	301876
遂 溪	Suixi	69316	74075	420123	458127
徐 闻	Xuwen	44469	49510	375229	394450

9-6 续表9 continued

沿海县 Coastal County	公共财政收入 Public Revenue of Local Governments		公共财政支出 Public Expenditure of Local Governments	
	2017	2018	2017	2018
廉　江 Lianjiang	116928	120850	632400	777929
雷　州 Leizhou	44909	55187	658737	714468
吴　川 Wuchuan	67454	84482	476564	485297
电　白 Dianbai	239385	205169	816240	856723
惠　东 Huidong	379443	347431	730992	720478
海　丰 Haifeng	76864	85598	526133	619139
陆　丰 Lufeng	67399	74253	702914	810092
阳　西 Yangxi	68798	65480	291308	255018
阳　东 Yangdong	120607	140880	299272	381305
饶　平 Raoping	76769	81463	452545	552127
揭　东 Jiedong	111284	115621	448605	463907
惠　来 Huilai	84421	51636	437381	583349
广　西 Guangxi	**174090**	**127046**	**728145**	**735127**
合　浦 Hepu	68614	77614	483175	526131
东　兴 Dongxing	105476	49432	244970	208996
海　南 Hainan	**2111573**	**1470552**	**4644048**	**5169748**
琼　海 Qionghai	167416	162041	468499	570822
儋　州 Danzhou				
文　昌 Wenchang	271091	137090	522428	732457
万　宁 Wanning	162400	148515	506400	604010
东　方 Dongfang	138091	139519	454887	558431
澄　迈 Chengmai	618002	246743	656590	622998
临　高 Lingao	100460	55916	532170	556513
昌　江 Changjiang	116117	128884	316736	354613
乐　东 Ledong	80555	74965	470649	509754
陵　水 Lingshui	457441	376879	715689	660150

9-7 沿海地区一般公共预算收入与支出（2018年）
General Public Budget Revenue and Expenditure by Coastal Regions (2018)

单位：亿元　　(100 million yuan)

地　区 Region	地方一般公共预算收入 General Public Budget Revenue	地方一般公共预算支出 General Public Budget Expenditure
合　计 **Total**	**54605.1**	**82470.5**
天　津 Tianjin	2106.2	3103.2
河　北 Hebei	3513.9	7726.2
辽　宁 Liaoning	2616.1	5337.7
上　海 Shanghai	7108.2	8351.5
江　苏 Jiangsu	8630.2	11657.4
浙　江 Zhejiang	6598.2	8629.5
福　建 Fujian	3007.4	4832.7
山　东 Shandong	6485.4	10101.0
广　东 Guangdong	12105.3	15729.3
广　西 Guangxi	1681.5	5310.7
海　南 Hainan	752.7	1691.3

9-8 沿海地区教育基本情况（2018年）
Basic Conditions of Education by Coastal Regions (2018)

地　区 Region	普通高等学校（机构）数（所） Number of Regular Higher Institutions (unit)	本、专科在校学生数（人） Number of Enrollment in Normal and Short-cycle Courses (person)	本、专科毕业生数（人） Number of Students Graduated in Normal and Short-cycle Courses (person)
全国总计 National Total	**2663**	**28310348**	**7533087**
天　津 Tianjin	56	523349	138789
河　北 Hebei	122	1342631	338771
辽　宁 Liaoning	115	963208	275875
上　海 Shanghai	64	517796	132508
江　苏 Jiangsu	167	1806277	491268
浙　江 Zhejiang	108	1019449	280634
福　建 Fujian	89	772361	204271
山　东 Shandong	145	2040793	585871
广　东 Guangdong	152	1963170	523936
广　西 Guangxi	75	942227	213788
海　南 Hainan	20	189179	49281

9-9 沿海地区卫生基本情况（2018年）
Basic Conditions of Public Health by Coastal Regions (2018)

地 区 Region	医疗卫生机构数 （个） Health Care Institutions (unit)	医疗卫生机构床位数 （万张） Number of Beds in Health Care Institutions (10000 beds)	卫生人员 （人） Number of Employed Persons in Health Care Institutions (person)
全国总计 National Total	**997433**	**840.4**	**12300325**
天 津 Tianjin	5686	6.8	132525
河 北 Hebei	85088	42.2	623974
辽 宁 Liaoning	36029	31.4	391919
上 海 Shanghai	5293	13.9	238225
江 苏 Jiangsu	33254	49.2	739314
浙 江 Zhejiang	32754	33.2	589357
福 建 Fujian	27590	19.3	318503
山 东 Shandong	81470	60.9	961360
广 东 Guangdong	51451	51.7	918396
广 西 Guangxi	33742	25.6	420360
海 南 Hainan	5325	4.5	81387

9-10 沿海地区电力消费量
Electricity Consumption by Coastal Region

单位：亿千瓦·时 (100 million kW-h)

地 区 Region	2016	2017	2018
天 津 Tianjin	808	806	861
河 北 Hebei	3265	3442	3666
辽 宁 Liaoning	2037	2135	2302
上 海 Shanghai	1486	1527	1567
江 苏 Jiangsu	5459	5808	6128
浙 江 Zhejiang	3873	4193	4533
福 建 Fujian	1969	2113	2314
山 东 Shandong	5391	5430	5917
广 东 Guangdong	5610	5959	6323
广 西 Guangxi	1360	1445	1703
海 南 Hainan	287	305	327

9-11 沿海地区供水用水情况（2018年）
Water Supply and Water Use by Coastal Regions (2018)

地　区 Region	供水总量 （亿立方米） Water Supply (100 million m^3)	人均用水量 （立方米/人） Per Capita Water Use (m^3/person)
全国总计 National Total	**6015.5**	**431.9**
天　津 Tianjin	28.4	182.2
河　北 Hebei	182.4	242.0
辽　宁 Liaoning	130.3	298.6
上　海 Shanghai	103.4	427.1
江　苏 Jiangsu	592.0	736.3
浙　江 Zhejiang	173.8	305.1
福　建 Fujian	186.9	476.1
山　东 Shandong	212.7	212.1
广　东 Guangdong	420.9	373.9
广　西 Guangxi	287.8	586.7
海　南 Hainan	45.1	484.9

9-12 沿海地区固定资产投资（不含农户）增长情况（2018年）

Growth Rate of Total Investment (Excluding Rural Households) over Preceding Year by Coastal Regions (2018)

单位：% (%)

地　区 Region	全部投资 Total Investment	#基础设施 Infrastructure	制造业 Manufacturing
全国总计 National Total	**5.9**	**3.8**	**9.5**
天　津 Tianjin	-5.6	-31.6	-22.0
河　北 Hebei	6.0	5.5	8.2
辽　宁 Liaoning	3.7	-13.6	20.3
上　海 Shanghai	5.2	-0.2	14.8
江　苏 Jiangsu	5.5	0.7	11.2
浙　江 Zhejiang	7.1	14.4	4.9
福　建 Fujian	11.5	7.5	22.3
山　东 Shandong	4.1	7.4	2.4
广　东 Guangdong	10.7	8.4	-0.1
广　西 Guangxi	10.8	9.8	22.5
海　南 Hainan	-12.5	-14.2	-37.9

9-13 沿海地区按收发货人所在地分货物进出口总额（2018年）
Total Value of Imports and Exports by Location of Importers/Exporters of Coastal Regions (2018)

单位：亿美元 (USD 100 million)

地区 Region	进出口 Total	出口 Exports	进口 Imports
全国总计 National Total	**46224.2**	**24866.8**	**21357.3**
天津 Tianjin	1225.6	488.1	737.5
河北 Hebei	539	339.8	199.2
辽宁 Liaoning	1146	487.9	658.1
上海 Shanghai	5156.8	2071.4	3085.4
江苏 Jiangsu	6639.1	4039.7	2599.4
浙江 Zhejiang	4323.6	3210.4	1113.2
福建 Fujian	1874.1	1155.3	718.8
山东 Shandong	2924	1601.2	1322.8
广东 Guangdong	10844.6	6465	4379.6
广西 Guangxi	623	327.9	295.1
海南 Hainan	127.3	44.9	82.5

9-14 沿海地区城镇居民人均可支配收入和人均消费支出（2018年）

Per Capita Disposable Income and Consumption Expenditure of Urban Households by Coastal Regions (2018)

单位：元 (yuan)

地区 Region	可支配收入 Disposable Income	#工资性收入 Income from Wages and Salaries	消费支出 Consumption Expenditure
全国 National Average	**39250.8**	**23792.2**	**26112.3**
天津 Tianjin	42976.3	27557.0	32655.1
河北 Hebei	32977.2	20988.0	22127.4
辽宁 Liaoning	37341.9	20626.2	26447.9
上海 Shanghai	68033.6	39145.5	46015.2
江苏 Jiangsu	47200.0	28136.3	29461.9
浙江 Zhejiang	55574.3	31148.0	34597.9
福建 Fujian	42121.3	25890.9	28145.1
山东 Shandong	39549.4	25040.7	24798.4
广东 Guangdong	44341.0	32180.1	30924.3
广西 Guangxi	32436.1	18083.9	20159.4
海南 Hainan	33348.7	21506.3	22971.2

9-15 沿海地区农村居民人均可支配收入和人均消费支出（2018年）

Per Capita Disposable Income and Consumption Expenditure of Rural Households by Coastal Regions (2018)

单位：元 (yuan)

地区 Region	可支配收入 Disposable Income	#工资性收入 Income from Wages and Salaries	消费支出 Consumption Expenditure
全国 National Average	**14617.0**	**5996.1**	**12124.3**
天津 Tianjin	23065.2	13568.1	16863.3
河北 Hebei	14030.9	7454.1	11382.8
辽宁 Liaoning	14656.3	5644.8	11455.0
上海 Shanghai	30374.7	19503.5	19964.7
江苏 Jiangsu	20845.1	10221.6	16567.0
浙江 Zhejiang	27302.4	16898.4	19706.8
福建 Fujian	17821.2	8214.7	14942.8
山东 Shandong	16297.0	6550.0	11270.1
广东 Guangdong	17167.7	8510.7	15411.3
广西 Guangxi	12434.8	3691.4	10617.0
海南 Hainan	13988.9	5611.4	10955.8

9-16 沿海地区年末人口数
Population at Year-end by Coastal Regions

单位：万人　　(10000 persons)

地　区 Region	2016	2017	2018
全国总计 National Total	**138271**	**139008**	**139538**
天　津 Tianjin	1562	1557	1560
河　北 Hebei	7470	7520	7556
辽　宁 Liaoning	4378	4369	4359
上　海 Shanghai	2420	2418	2424
江　苏 Jiangsu	7999	8029	8051
浙　江 Zhejiang	5590	5657	5737
福　建 Fujian	3874	3911	3941
山　东 Shandong	9947	10006	10047
广　东 Guangdong	10999	11169	11346
广　西 Guangxi	4838	4885	4926
海　南 Hainan	917	926	934

注：数据为年度人口抽样调查推算数据。各地区数据为常住人口口径。

Note: The data are estimated from the annual national sample survey on population.Data by region are of usual residents.

9-17 沿海城市年末总人口
Total Population at Year-end of Coastal Cities

单位：万人 (10000 persons)

沿海城市	Coastal City	2015	2016	2017
合　计	**Total**	**26683.5**	**26923.0**	**27132.0**
天　津	**Tianjin**	**1547.0**	**1562.0**	**1557.0**
河　北	**Hebei**	**1825.0**	**1838.0**	**1831.0**
唐　山	Tangshan	755.0	760.0	755.0
秦皇岛	Qinhuangdao	295.6	298.0	298.0
沧　州	Cangzhou	774.4	780.0	778.0
辽　宁	**Liaoning**	**1776.5**	**1779.0**	**1765.0**
大　连	Dalian	593.6	596.0	595.0
丹　东	Dandong	238.1	238.0	235.0
锦　州	Jinzhou	302.6	302.0	296.0
营　口	Yingkou	232.6	233.0	232.0
盘　锦	Panjin	129.5	130.0	130.0
葫芦岛	Huludao	280.1	280.0	277.0
上　海	**Shanghai**	**2415.0**	**2420.0**	**2418.0**
江　苏	**Jiangsu**	**2125.4**	**2132.0**	**2123.0**
南　通	Nantong	766.8	767.0	764.0
连云港	Lianyungang	530.6	534.0	533.0
盐　城	Yancheng	828.0	831.0	826.0

注：各省数据为沿海城市合计数。
Note: The data for the provinces are the total of coastal cities.

9-17 续表1 continued

沿海城市	Coastal City	2015	2016	2017
浙　江	**Zhejiang**	**3608.9**	**3639.0**	**3679.0**
杭　州	Hangzhou	723.6	736.0	754.0
宁　波	Ningbo	586.6	591.0	597.0
温　州	Wenzhou	811.2	818.0	825.0
嘉　兴	Jiaxing	349.5	352.0	356.0
绍　兴	Shaoxing	443.1	445.0	446.0
舟　山	Zhoushan	97.4	97.0	97.0
台　州	Taizhou	597.5	600.0	604.0
福　建	**Fujian**	**2807.4**	**2848.0**	**2886.0**
福　州	Fuzhou	678.4	687.0	693.0
厦　门	Xiamen	211.2	221.0	231.0
莆　田	Putian	344.3	350.0	355.0
泉　州	Quanzhou	722.5	730.0	742.0
漳　州	Zhangzhou	502.1	508.0	514.0
宁　德	Ningde	348.9	352.0	351.0
山　东	**Shandong**	**3460.6**	**3488.0**	**3514.0**
青　岛	Qingdao	783.1	791.0	803.0
东　营	Dongying	190.6	193.0	195.0
烟　台	Yantai	653.3	655.0	654.0
潍　坊	Weifang	893.7	901.0	908.0
威　海	Weihai	254.8	256.0	256.0
日　照	Rizhao	296.0	300.0	304.0
滨　州	Binzhou	389.1	392.0	394.0

9-17 续表2 continued

沿海城市	Coastal City	2015	2016	2017
广　东	**Guangdong**	**6223.4**	**6312.0**	**6445.0**
广　州	Guangzhou	854.2	870.0	898.0
深　圳	Shenzhen	369.6	385.0	435.0
珠　海	Zhuhai	112.5	115.0	119.0
汕　头	Shantou	550.5	559.0	565.0
江　门	Jiangmen	391.4	394.0	396.0
湛　江	Zhanjiang	823.0	835.0	839.0
茂　名	Maoming	785.8	799.0	804.0
惠　州	Huizhou	357.1	364.0	369.0
汕　尾	Shanwei	359.0	362.0	363.0
阳　江	Yangjiang	292.1	296.0	297.0
东　莞	Dongguan	195.0	201.0	211.0
中　山	Zhongshan	158.7	161.0	170.0
潮　州	Chaozhou	272.8	274.0	276.0
揭　阳	Jieyang	701.7	697.0	703.0
广　西	**Guangxi**	**671.7**	**680.0**	**684.0**
北　海	Beihai	172.0	174.0	175.0
防城港	Fangchenggang	95.6	97.0	98.0
钦　州	Qinzhou	404.1	409.0	411.0
海　南	**Hainan**	**222.6**	**225.0**	**230.0**
海　口	Haikou	164.8	167.0	171.0
三　亚	Sanya	57.8	58.0	59.0

9-18 沿海县户籍总人口
Total Population of Household Registration of Coastal Counties

单位：万人 (10000 persons)

沿海县 Coastal County		2016	2017	2018
合　计	**Total**	**8720**	**8703**	**8723**
河　北	**Hebei**	**319**	**313**	**314**
丰　南	Fengnan	53	53	54
滦　南	Luannan	58	57	57
乐　亭	Laoting	45	45	45
昌　黎	Changli	56	53	52
抚　宁	Funing	35	33	34
黄　骅	Huanghua	48	48	48
海　兴	Haixing	24	24	24
辽　宁	**Liaoning**	**638**	**631**	**630**
长　海	Changhai	7	7	7
瓦房店	Wafangdian	100	99	99
普兰店	Pulandian	75	73	73
庄　河	Zhuanghe	90	89	89
东　港	Donggang	61	59	60
凌　海	Linghai	51	51	50
盖　州	Gaizhou	70	70	69
大　洼	Dawa	38	39	39
盘　山	Panshan	27	27	27
绥　中	Suizhong	65	64	64
兴　城	Xingcheng	54	53	53

注：各省数据为沿海县合计数。

Note: The data for the provinces are the total of coastal counties.

9-18 续表1 continued

沿海县 Coastal County		2016	2017	2018
江　苏	**Jiangsu**	**1306**	**1301**	**1298**
海　安	Hai'an	94	93	93
如　东	Rudong	104	103	102
启　东	Qidong	112	112	111
海　门	Haimen	100	100	100
赣　榆	Ganyu	120	120	120
东　海	Donghai	123	124	125
灌　云	Guanyun	105	104	104
灌　南	Guannan	83	82	82
响　水	Xiangshui	62	62	62
滨　海	Binhai	123	123	123
射　阳	Sheyang	96	96	95
东　台	Dongtai	112	111	110
大　丰	Dafeng	72	71	71
浙　江	**Zhejiang**	**1501**	**1508**	**1512**
象　山	Xiangshan	55	55	55
宁　海	Ninghai	63	63	63
余　姚	Yuyao	84	84	84
慈　溪	Cixi	105	105	106
奉　化	Fenghua	48	48	48
洞　头	Dongtou	15	15	15
平　阳	Pingyang	88	89	89
苍　南	Cangnan	134	135	135
瑞　安	Rui'an	124	125	125
乐　清	Yueqing	130	130	131
海　盐	Haiyan	38	39	38
海　宁	Haining	68	69	70
平　湖	Pinghu	49	50	50

9-18 续表2 continued

沿海县 Coastal County	2016	2017	2018
柯 桥 Keqiao	66	67	68
上 虞 Shangyu	78	78	78
岱 山 Daishan	19	18	18
嵊 泗 Shengsi	8	8	8
玉 环 Yuhuan	43	43	44
三 门 Sanmen	44	45	45
温 岭 Wenling	122	122	122
临 海 Linhai	120	120	120
福 建 Fujian	**1367**	**1379**	**1401**
连 江 Lianjiang	67	68	68
罗 源 Luoyuan	27	27	27
平 潭 Pingtan	44	44	45
福 清 Fuqing	136	137	138
长 乐 Changle	73	74	75
仙 游 Xianyou	115	116	117
惠 安 Hui'an	102	102	104
金 门 Jinmen			
石 狮 Shishi	33	34	35
晋 江 Jinjiang	113	115	118
南 安 Nan'an	161	164	171
云 霄 Yunxiao	46	46	47
漳 浦 Zhangpu	92	93	94
诏 安 Zhao'an	66	67	68
东 山 Dongshan	22	22	22
龙 海 Longhai	88	89	90
霞 浦 Xiapu	55	54	55
福 安 Fu'an	67	67	67
福 鼎 Fuding	60	60	60

9-18 续表3 continued

沿海县 Coastal County		2016	2017	2018
山 东	**Shandong**	**1149**	**1149**	**1146**
胶 州	Jiaozhou	84	85	86
即 墨	Jimo	116	117	118
垦 利	Kenli	23	24	24
利 津	Lijin	28	31	31
广 饶	Guangrao	52	53	53
长 岛	Changdao	4	4	4
龙 口	Longkou	64	64	64
莱 阳	Laiyang	91	87	86
莱 州	Laizhou	85	85	84
蓬 莱	Penglai	45	40	40
招 远	Zhaoyuan	57	57	56
海 阳	Haiyang	64	65	64
寿 光	Shouguang	108	110	110
昌 邑	Changyi	59	59	59
文 登	Wendeng	58	58	57
荣 成	Rongcheng	67	66	66
乳 山	Rushan	56	55	55
无 棣	Wudi	48	49	49
沾 化	Zhanhua	40	40	40
广 东	**Guangdong**	**1876**	**1856**	**1850**
南 澳	Nan'ao	8	8	8
台 山	Taishan	97	97	97
恩 平	Enping	49	50	50
遂 溪	Suixi	110	110	111
徐 闻	Xuwen	77	78	78

9-18 续表4 continued

沿海县 Coastal County	2016	2017	2018
廉　江 Lianjiang	182	182	185
雷　州 Leizhou	181	182	184
吴　川 Wuchuan	120	121	122
电　白 Dianbai	208	193	195
惠　东 Huidong	88	88	89
海　丰 Haifeng	85	86	78
陆　丰 Lufeng	189	190	191
阳　西 Yangxi	54	54	55
阳　东 Yangdong	51	51	51
饶　平 Raoping	107	107	107
揭　东 Jiedong	111	111	112
惠　来 Huilai	159	148	137
广　西 **Guangxi**	**123**	**124**	**125**
东　兴 Dongxing	108	15	15
合　浦 Hepu	15	109	110
海　南 **Hainan**	**441**	**442**	**447**
琼　海 Qionghai	51	52	52
儋　州 Danzhou			
文　昌 Wenchang	60	60	60
万　宁 Wanning	62	62	63
东　方 Dongfang	45	45	46
澄　迈 Chengmai	56	56	57
临　高 Lingao	50	50	50
昌　江 Changjiang	26	25	26
乐　东 Ledong	53	54	54
陵　水 Lingshui	38	38	39

9-19 沿海地区就业人员情况
Employed Persons by Coastal Regions

单位：万人 (10000 persons)

地　区 Region	2016	2017	2018
合　计 Total	**36405.4**	**36445.7**	**36245.1**
天　津 Tianjin	902.4	894.8	896.6
河　北 Hebei	4224.0	4206.7	4196.1
辽　宁 Liaoning	2301.2	2284.7	2260.6
上　海 Shanghai	1365.2	1372.7	1375.7
江　苏 Jiangsu	4756.2	4757.8	4750.9
浙　江 Zhejiang	3760.0	3796.0	3836.0
福　建 Fujian	2768.4	2805.7	2791.4
山　东 Shandong	6649.7	6560.6	6180.6
广　东 Guangdong	6279.2	6340.8	6508.7
广　西 Guangxi	2841.0	2842.0	2848.0
海　南 Hainan	558.1	583.9	600.5

9-20 沿海城市城镇单位就业人员情况
Employed Persons in Urban Units by Coastal Cities

单位：万人 (10000 persons)

沿海城市 Coastal City		2015	2016	2017
合　计	**Total**	**5445.1**	**5385.0**	**5312.6**
天　津	**Tianjin**	**294.8**	**286.0**	**269.5**
河　北	**Hebei**	**174.8**	**172.5**	**148.9**
唐　山	Tangshan	89.4	88.1	76.1
秦皇岛	Qinhuangdao	32.8	32.5	29.3
沧　州	Cangzhou	52.6	51.9	43.5
辽　宁	**Liaoning**	**266.8**	**251.7**	**228.1**
大　连	Dalian	113.7	107.8	97.3
丹　东	Dandong	25.8	23.0	19.7
锦　州	Jinzhou	31.7	29.3	24.1
营　口	Yingkou	24.4	25.7	25.2
盘　锦	Panjin	46.4	44.2	41.7
葫芦岛	Huludao	24.8	21.7	20.1
上　海	**Shanghai**	**637.2**	**627.8**	**632.3**
江　苏	**Jiangsu**	**346.7**	**340.2**	**338.8**
南　通	Nantong	209.8	205.3	209.7
连云港	Lianyungang	47.7	47.5	45.7
盐　城	Yancheng	89.2	87.4	83.4
浙　江	**Zhejiang**	**929.2**	**905.0**	**886.3**
杭　州	Hangzhou	288.6	290.1	287.0
宁　波	Ningbo	166.8	151.9	161.3
温　州	Wenzhou	106.6	104.6	119.1
嘉　兴	Jiaxing	80.9	80.5	79.1
绍　兴	Shaoxing	138.6	136.8	120.2
舟　山	Zhoushan	46.6	47.0	18.4
台　州	Taizhou	101.1	94.1	101.2
福　建	**Fujian**	**579.6**	**585.1**	**587.2**
福　州	Fuzhou	156.3	156.8	158.8
厦　门	Xiamen	136.8	139.2	146.0

注：各省数据为沿海城市合计数。

Note: The data for the provinces are the total of coastal cities.

9-20 续表 continued

沿海城市 Coastal City		2015	2016	2017
莆　田	Putian	49.7	52.0	54.1
泉　州	Quanzhou	150.6	149.6	139.9
漳　州	Zhangzhou	55.2	56.0	56.7
宁　德	Ningde	31.0	31.5	31.7
山　东	**Shandong**	**527.3**	**518.2**	**505.6**
青　岛	Qingdao	150.1	145.4	145.9
东　营	Dongying	43.9	43.2	40.0
烟　台	Yantai	105.2	103.5	99.8
潍　坊	Weifang	87.0	85.7	83.9
威　海	Weihai	57.6	58.7	57.5
日　照	Rizhao	31.0	31.1	31.6
滨　州	Binzhou	52.5	50.6	46.9
广　东	**Guangdong**	**1580.6**	**1588.0**	**1605.4**
广　州	Guangzhou	320.3	325.2	329.2
深　圳	Shenzhen	460.0	456.2	463.8
珠　海	Zhuhai	74.3	73.1	76.2
汕　头	Shantou	54.7	57.5	59.6
江　门	Jiangmen	58.3	59.5	56.7
湛　江	Zhanjiang	51.0	52.3	50.9
茂　名	Maoming	45.7	46.5	49.4
惠　州	Huizhou	91.9	96.1	98.8
汕　尾	Shanwei	24.0	23.8	20.4
阳　江	Yangjiang	23.6	24.2	23.7
东　莞	Dongguan	232.3	231.2	242.4
中　山	Zhongshan	82.9	80.9	77.9
潮　州	Chaozhou	19.8	20.2	18.5
揭　阳	Jieyang	41.8	41.3	37.9
广　西	**Guangxi**	**46.3**	**46.0**	**44.4**
北　海	Beihai	14.7	14.5	14.4
防城港	Fangchenggang	10.8	9.7	9.3
钦　州	Qinzhou	20.8	21.8	20.7
海　南	**Hainan**	**61.8**	**64.5**	**66.1**
海　口	Haikou	49.2	51.4	52.2
三　亚	Sanya	12.6	13.1	13.9

主要统计指标解释

1. 国内生产总值(GDP) 指一个国家所有常住单位在一定时期内生产活动的最终成果。国内生产总值有三种表现形态，即价值形态、收入形态和产品形态。从价值形态看，它是所有常住单位在一定时期内生产的全部货物和服务价值与同期投入的全部非固定资产货物和服务价值的差额，即所有常住单位的增加值之和；从收入形态看，它是所有常住单位在一定时期内创造的各项收入之和，包括劳动者报酬、生产税净额、固定资产折旧和营业盈余；从产品形态看，它是所有常住单位在一定时期内最终使用的货物和服务价值与货物和服务净出口价值之和。在实际核算中，国内生产总值有三种计算方法，即生产法、收入法和支出法。三种方法分别从不同的方面反映国内生产总值及其构成。

对于一个地区来说，称为地区生产总值或地区 GDP。

2. 三次产业 三次产业的划分是世界上较为常用的产业结构分类，但各国的划分不尽一致。根据《国民经济行业分类》（GB/T 4754—2011）和《三次产业划分规定》，我国的三次产业划分是：

第一产业是指农、林、牧、渔业（不含农、林、牧、渔服务业）。

第二产业是指采矿业（不含开采辅助活动），制造业（不含金属制品、机械和设备修理业），电力、热力、燃气及水生产和供应业，建筑业。

第三产业即服务业，是指除第一产业、第二产业以外的其他行业。

3. 增加值 是指各行各业生产经营和劳务活动的最终成果，采用生产法和收入法两种方法计算。

生产法是从货物和服务活动在生产过程中形成的总产品入手，剔除生产过程中投入的中间产品价值，得到新增价值的方法。

收入法又称分配法。按收入法计算国内生产总值是从生产过程创造的收入的角度对常住单位的生产活动成果进行核算；按照此法计算，增加值由劳动者报酬、固定资产折旧、生产税净额和营业盈余四个部分组成。

4. 财政收入 指国家财政参与社会产品分配所取得的收入，是实现国家职能的财力保证。财政收入所包括的内容几经变化，目前主要包括：

（1）各项税收 包括增值税、营业税、消费税、土地增值税、城市维护建设税、资源税、城市土地使用税、企业所得税、个人所得税、关税、证券交易印花税、车辆购置税、农牧业税和耕地占用税等；

（2）专项收入 包括排污费收入、城市水资源费收入、矿产资源补偿费收入、教育费附加收入等；

（3）其他收入 包括利息收入、基本建设贷款归还收入、基本建设收入、捐赠收入等；

（4）国有企业亏损补贴 此项为负收入，冲减财政收入。主要包括对工业企业、商业企业、粮食企业的补贴。

5. 财政支出 国家财政将筹集起来的资金进行分配使用，以满足经济建设和各项事业的需要。

6. 普通高等学校 指通过国家普通高等教育招生考试，招收高中毕业生为主要培养对象，实施高等学历教育的全日制大学、独立设置的学院、独立学院和高等专科学校、高等职业学校及其他普通高教机构。

大学、独立设置的学院主要实施本科及本科层次以上的教育。独立学院主要实施本科层次的教育。高等专科学校、高等职业学校实施专科层次的教育。其他普通高教机构是指承担国家普通招生计划任务不计校数的机构，包括普通高等学校分校、大专班等。

7. 医疗卫生机构 指从卫生(卫生计生)行政部门取得《医疗机构执业许可证》《中医诊所备案证》和《计划生育技术服务许可证》，或从民政、工商行政、机构编制管理部门取得法人单位登记证书，为社会提供医疗服务、公共卫生服务或从事医学科研和医学在职培训等工作的单位。医疗卫生机构包括医院、基层医疗卫生机构、专业公共卫生机构和其他医疗卫生机构。

8. 供水总量 指各种水源为用水户提供的包括输水损失在内的毛水量。

9. 全社会固定资产投资 是以货币形式表现的在一定时期内全社会建造和购置固定资产的工作量以及与此有关费用的总称。该指标是反映固定资产投资规模、结构和发展速度的综合性指标。全社会固定资产投资按登记注册类型可分为国有、集体、联营、股份制、私营和个体、港澳台商、外商、其他等。

10. 固定资产投资（不含农户） 指城镇和农村各种登记注册类型的企业、事业、行政单位及城镇个体户进行的计划总投资500万元及以上的建设项目投资和房地产开发投资，包括原口径的城镇固定资产投资加上农村企事业组织项目投资，该口径自2011年起开始使用。

11. 货物进出口总额 指实际进出我国关境的货物总金额。包括对外贸易实际进出口货物，来料加工装配进出口货物，国家间、联合国及国际组织无偿援助物资和赠送品，华侨、港澳台同胞和外籍华人捐赠品，租赁期满归承租人所有的租赁货物，进料加工进出口货物，边境地方贸易及边境地区小额贸易进出口货物，中外合资企业、中外合作经营企业、外商独资经营企业进出口货物和公用物品，到、离岸价格在规定限额以上的进出口货样和广告品(无商业价值、无使用价值和免费提供出口的除外)，从保税仓库提取在中国境内销售的进口货物以及其他进出口货物。该指标可以观察一个国家在货物贸易方面的总规模。我国规定出口货物按离岸价格统计，进口货物按到岸价格统计。

12. 商品收发货人所在地进、出口额 指在所在地海关注册登记的有进出口经营权的企业实际进、出口额。

12. 人口数 指一定时点、一定地区范围内有生命的个人总和。

年度统计的年末人口数指每年12月31日24时的人口数。年度统计的全国人口总数内未包括香港、澳门特别行政区和台湾省以及海外华侨人数。

13. 就业人员 指在16周岁及以上，从事一定社会劳动并取得劳动报酬或经营收入的人员。这一指标反映了一定时期内全部劳动力资源的实际利用情况，是研究我国基本国情国力的重要指标。

Explanatory Notes on Main Statistical Indicators

1. Gross Domestic Product (GDP) refers to the final products produced by all resident units in a country during a certain period of time. Gross domestic product is expressed in three different perspectives, namely value, income, and products respectively. GDP in its value perspective refers to the balance of total value of all goods and services produced by all resident units during a certain period of time, minus the total value of input of goods and services of the nature of non-fixed assets; in other words, it is the sum of the value-added of all resident units. GDP from the perspective of income refers to the sum of all kinds of revenue, including compensation of employees, net taxes on production, depreciation of fixed assets, and operating surplus. GDP from the perspective of products refers to the value of all goods and services for final demand by all resident units plus the net exports of goods and services during a given period of time. In the practice of national accounting, gross domestic product is calculated by three approaches, namely production approach, income approach and expenditure approach, which reflect gross domestic product and its composition from different angles.

For a region, it is called as gross regional product(GRP) or regional GDP.

2. Three Industries Classification of economic activities into three strata of industry is a common practice in the world, although the grouping varies to some extent from country to country. In China, according to Industrial Classification for National Economic Activities (GB/T 4754—2011) and Dividing Basis of Three Industries, economic activities are categorized into the following three strata of industry:

Primary industry refers to agriculture, forestry, animal husbandry and fishery industries (not including services in support of agriculture, forestry, animal husbandry and fishery industries).

Secondary industry refers to mining and quarrying(not including support activities for mining), manufacturing(not including repair service of metal products, machinery and equipment), production and supply of electricity, heat, gas and water, and construction.

Tertiary industry refers to all other economic activities not included in the primary or secondary industries.

3. Added Value refers to the final result of production, operation and labor activities of all trades and professions, which is calculated by using the production and income methods.

Production Method: refers to the method whereby to get the newly added value by proceeding from the gross product of goods and service activities occurring in the course of production and then rejecting the value of intermediate product input in the course of production.

Income Method: is also called the distribution method. The calculation of the gross domestic product (GDP) by the income method is the accounting of the result of productive activities of permanent units from the angle of the income created in the course of production. According to this method, the added value is composed of the payment for laborers, depreciation of fixed assets, net tax on production and business surplus.

4. Government Revenue refers to the income obtained by the government finance through participating in the distribution of social products. It is the financial guarantee to ensure government functioning. The contents of government revenue have changed several times. Now it includes the following main items:

(1) Various tax revenues, including value added tax, business tax, consumption tax, land value-added tax, tax on city maintenance and construction, resources tax, tax on use of urban land, enterprise income tax, personal income tax, tariff, stamp tax on security transactions, tax on purchase of motor vehicles, tax on agriculture and animal husbandry and tax on occupancy of cultivated land, etc.

(2) Special revenues, including revenues from the fee on sewage treatment, fee on urban water resources, fee for the compensation of mineral resources and extra-charges for education, etc.

(3) Other revenues, including revenues from interest, repayment of capital construction loan, capital construction projects and donations and grants.

(4) Subsidies for the losses of state-owned enterprises. This is an item of negative revenue, counteracting government revenues and consisting of subsidies to industrial, commercial and grain purchasing and supply enterprises.

5. Government Expenditure refers to the distribution and use of the funds which the government finance has raised, so as to meet the needs of economic construction and various causes.

6. Regular Higher Education Institutions refer to educational establishments recruiting graduates from senior secondary schools as the main target through National Matriculation TEST. They include full-time universities, independently established schools, independent colleges, higher professional colleges, higher vocational colleges and other regular higher education institutions.

Universities and independently established schools primarily provide normal courses at undergraduate and higher levels. Independent colleges mainly provide normal undergraduate courses. Higher professional colleges and higher vocational colleges primarily provide undergraduate of short-cycle courses. Other regular higher education institutions refer to educational establishments, which are responsible for enrolling higher education students under the State Plan but not enumerated in the total number of schools, including: branch schools of regular higher education institutions and junior colleges.

7. Health Care Institutions refer to the units which have been qualified with the Certification of Health Care Institution, filing certificate of traditional Chinese medicine clinic, certification of family planning technical service by the administration of health (family planning), or qualified with the Certification of Corporate Unit by the civil affairs, administration for industry and commerce, and engaging in medical care services, public health services, or medicine research and on-job training, etc., including: hospitals, health care institutions at grass-root level, specialized public health institutions, and other health care institutions.

8. Water Supply refers to gross water of various sources supplied to consumers, including losses during distribution.

9. Total Investment in Fixed Assets in the Whole Country refers to the volume of activities in construction and purchases of fixed assets of the whole country and related fees, expressed in monetary terms during the reference period. It is a comprehensive indicator which shows the size, structure and growth of the investment in fixed assets, providing a basis for observing the progress of construction projects and evaluating results of investment. Total investment in fixed assets in the whole country by registration status includes: the investment by state-owned units, collective-owned units, joint ownership units, share-holding units, private units, individuals as well as investments by entrepreneurs from Hong Kong, Macao and Taiwan, foreign investors and others.

10. Investment in Fixed Assets (Excluding Rural Households) refers to the investment in construction projects with a total planned investment of 5 million yuan and above, carried out by enterprises of various ownerships, institutions, administrative units in both urban and rural areas, urban self-employed individuals, as well as investment in real estate development. Since 2011, it covers the urban investment in fixed assets under the previous statistical coverage and the investments by rural enterprises and institutions.

11. Total Import and Export of Goods refers to the real value of commodities imported and exported across the border of China. They include the actual imports and exports through foreign trade, imported and exported goods under the processing and assembling trades and materials, supplies and gifts as aid given gratis between governments and by the United Nations and other international organizations, and contributions donated by overseas Chinese, compatriots in Hong Kong and Macao and Chinese with foreign citizenship, leasing commodities owned by tenant at the expiration of leasing period, the imported and exported commodities processed with imported materials, commodities trading in border areas, the imported and exported commodities and articles for public use of the Sino-foreign joint ventures, cooperative enterprises and ventures with sole foreign investment. Also included import or export of samples and advertising goods for which CIF or FOB value are beyond the permitted ceiling (excluding goods of no trading or use value and free commodities for export), imported goods sold in China from bonded warehouses and other imported or exported goods. The indicator of the total imports and exports at customs can be used to observe the total size of external trade in a country. In accordance with the stipulation of the Chinese government, imports are calculated at CIF, while exports are calculated at FOB.

12. Import or Export Value by Location of China's Foreign Trade Managing Units refers to actual value of imports and exports carried out by corporations which have been registered by the local Customs house and are vested with right to run import export business.

13. Total Population refers to the total number of people alive at a certain point of time within a given area.

The annual statistics on total population is taken at midnight, the 31st of December, not including residents in Taiwan province, Hong Kong and Macao and overseas Chinese.

14. Employed Persons refer to persons aged 16 and above who are engaged in gainful employment and thus receive remuneration payment or earn business income. This indicator reflects the actual utilization of total labour force during a certain period of time and is often used for the research on China's economic situation and national power.

10

世界海洋经济统计资料（部分）
World's Marine Economic Statistics Data (Part)

10-1 世界海洋面积（2010年）
World Ocean Area (2010)

区　域 Region	海洋面积 （平方千米） Ocean Area (km^2)	占世界海洋面积的比重（%） Proportion in the World Ocean Area (%)	占地球表面面积的比重（%） Proportion in the Earth's Surface Area (%)
合　计 Total	**361000000**	**100.0**	**70.8**
太平洋 Pacific Ocean	178334000	49.4	35.0
大西洋 Atlantic Ocean	91694000	25.4	18.0
印度洋 Indian Ocean	76171000	21.1	14.9
北冰洋 Arctic Ocean	14801000	4.1	2.9

注：数据来源于《2011国际统计年鉴》。

Note: The data come from *International Statistical Yearbook 2011* .

10-2 主要沿海国家（地区）国土面积和人口（2018年）
Surface Area and Population of Major Coastal Countries (Areas) (2018)

国家或地区 Country or Area	国土面积（万平方千米） Area of Territory (10 000 km^2)	年中人口（万人） Mid-year Population (10 000 persons)	人口密度 （人/平方千米） Population Density (persons per km^2)
世界 World	**13202.5**	**759427.0**	**60.0**
中国 China	960.0	139273.0	148.0
文莱 Brunei Darsm	0.6	43.0	81.0
柬埔寨 Cambodia	18.1	1625.0	92.0
印度 India	298.0	135262.0	455.0
印度尼西亚 Indonesia	191.4	26766.0	148.0
日本 Japan	37.8	12653.0	347.0
韩国 Korea, Rep.	10.0	5164.0	530.0
马来西亚 Malaysia	33.0	3153.0	96.0
缅甸 Myanmar	67.7	5371.0	82.0
菲律宾 Philippines	30.0	10665.0	358.0
新加坡 Singapore	0.1	564.0	7953.0
泰国 Thailand	51.3	6943.0	136.0
越南 Viet Nam	33.1	9554.0	308.0
埃及 Egypt	100.1	9842.0	99.0
南非 South Africa	121.9	5778.0	48.0
加拿大 Canada	998.5	3706.0	4.0
墨西哥 Mexico	196.4	12619.0	65.0
美国 United States	983.2	32717.0	36.0
阿根廷 Argentina	278.0	4449.0	16.0
巴西 Brazil	851.6	20947.0	25.0
法国 France	54.9	6699.0	122.0
德国 Germany	35.8	8293.0	237.0
意大利 Italy	30.1	6043.0	205.0
俄罗斯 Russia	1709.8	14448.0	9.0
西班牙 Spain	50.6	4672.0	94.0
土耳其 Turkey	78.5	8232.0	107.0
乌克兰 Ukraine	60.4	4462.0	77.0
英国 United Kingdom	24.4	6649.0	275.0
澳大利亚 Australia	774.1	2499.0	3.0
新西兰 New Zealand	26.8	489.0	19.0

注：数据来源于世界银行WDI数据库。

Note: The data come from *World Bank WDI Database*.

10-3 主要沿海国家（地区）国内生产总值（2018年）
Gross Domestic Product of Major Coastal Countries (Areas) (2018)

国家或地区 Country or Area	国内生产总值（亿美元） GDP (100 million USD)	人均国内生产总值（美元） GDP per Captia (current USD)	国内生产总值增长率（%） Growth Rate of GDP (%)
世界 World	**857908**	**11297**	**3.0**
中国 China	136082	9771	6.6
中国香港 Hong Kong, China	3630	48717	3.0
文莱 Brunei Darsm	136	31628	0.1
柬埔寨 Cambodia	246	1512	7.5
印度 India	27263	2016	7.0
印度尼西亚 Indonesia	10422	3894	5.2
日本 Japan	49709	39287	0.8
韩国 Korea, Rep.	16194	31363	2.7
马来西亚 Malaysia	3544	11239	4.7
菲律宾 Philippines	3309	3103	6.2
新加坡 Singapore	3642	64582	3.1
泰国 Thailand	5050	7274	4.1
越南 Viet Nam	2450	2564	7.1
埃及 Egypt	2509	2549	5.3
南非 South Africa	3663	6340	0.6
加拿大 Canada	17093	46125	1.9
墨西哥 Mexico	12238	9698	2.0
美国 United States	204941	62641	2.9
阿根廷 Argentina	5185	11653	-2.5
巴西 Brazil	18686	8921	1.1
法国 France	27775	41464	1.7
德国 Germany	39968	48196	1.4
意大利 Italy	20739	34318	0.9
荷兰 Netherlands	9129	52978	2.7
波兰 Poland	5858	15424	5.1
俄罗斯 Russia	16576	11289	2.3
西班牙 Spain	14262	30524	2.6
土耳其 Turkey	7665	9311	2.6
乌克兰 Ukraine	1308	3095	3.3
英国 United Kingdom	28252	42491	1.4
澳大利亚 Australia	14322	57305	2.8
新西兰 New Zealand	2050	41966	2.8

注：数据来源于世界银行WDI数据库。

Note: The data come from *World Bank WDI Database.*

10-4 主要沿海国家（地区）国内生产总值产业构成（2018年）

Industrial Composition of GDP of Major Coastal Countries (Areas) by Industry (2018)

单位：%　　(%)

国家或地区 Country or Area	国内生产总值产业构成（%） Industrial Structure of GDP (%)		
	第一产业 Primary Industry	第二产业 Secondary Industry	第三产业 Tertiary Industry
世界 World	**3.4** ①	**25.5** ①	**65.0** ①
中国 China	7.2	40.7	52.2
中国香港 Hong Kong, China	0.1 ①	7.2 ①	88.6 ①
文莱 Brunei Darsm	1.0	63.2	37.3
柬埔寨 Cambodia	22.0	32.3	39.5
印度 India	14.5	27.0	49.0
印度尼西亚 Indonesia	12.8	39.7	43.4
日本 Japan	1.2 ①	29.1 ①	69.1 ①
韩国 Korea, Rep.	2.0	35.1	53.6
马来西亚 Malaysia	7.7	39.0	52.0
缅甸 Myanmar	24.6	32.3	43.2
菲律宾 Philippines	9.3	30.7	60.0
新加坡 Singapore		25.2	69.4
斯里兰卡 Sri Lanka	7.9	27.0	56.8
泰国 Thailand	8.1	35.0	56.9
越南 Viet Nam	14.6	34.3	41.2

注：①2017年数据；②2015年数据；③2016年数据；
数据来源于世界银行WDI数据库。

Notes: ①Data for 2017. ②Data for 2015. ③Data for 2016.
The data come from *World Bank WDI Database*.

10-4 续表 continued

国家或地区 Country or Area	国内生产总值产业构成（%） Industrial Structure of GDP (%)		
	第一产业 Primary Industry	第二产业 Secondary Industry	第三产业 Tertiary Industry
埃及 Egypt	11.2	35.1	51.4
南非 South Africa	2.2	26.0	61.4
加拿大 Canada	1.7 ②	24.8 ②	66.7 ②
墨西哥 Mexico	3.3	31.2	60.2
美国 United States	0.9 ①	18.2 ①	77.4 ①
阿根廷 Argentina	6.1	23.1	55.6
巴西 Brazil	4.4	18.4	62.6
法国 France	1.6	16.9	70.3
德国 Germany	0.7	28.0	61.5
意大利 Italy	1.9	21.7	66.1
荷兰 Netherlands	1.6	17.5	70.3
俄罗斯 Russia	3.1	32.1	54.1
西班牙 Spain	2.6	21.9	65.9
土耳其 Turkey	5.8	29.4	54.3
乌克兰 Ukraine	10.1	23.3	51.3
英国 United Kingdom	0.6	18.0	70.5
澳大利亚 Australia	2.6	24.0	66.6
新西兰 New Zealand	6.6 ③	19.2 ③	65.6 ③

10-5 主要沿海国家（地区）就业人数
Employment in the Major Coastal Countries (Areas)

单位：万人 (10000 persons)

国家或地区 Country or Area	2000	2005	2010	2016	2017	2018
中国 China	72085	74647	76105	77603	77640	77586
中国香港 Hong Kong, China			347	379		
印度 India	32704	36328	36967			36057
印度尼西亚 Indonesia	8984	9396	10781	11953	12278	12554
以色列 Israel	246	274	318	374	382	391
日本 Japan	6446	6356	6257	6440	6530	6664
韩国 Korea, Rep.	2116	2286	2383	2655	2687	2692
马来西亚 Malaysia			1178	1416	1448	1478
菲律宾 Philippines		3231	3603	4084	4033	4116
新加坡 Singapore		165	196	217	218	220
斯里兰卡 Sri Lanka			770	795	821	
泰国 Thailand			3804	3826	3765	3830
越南 Viet Nam			4949	5330	5370	5425
埃及 Egypt			2383	2537	2605	
南非 South Africa	1036	1088	1394	1597	1636	1661
加拿大 Canada	1476	1612	1696	1808	1842	1866
墨西哥 Mexico	3759	4208	4612	5159	5234	5372
美国 United States	13689	14173	13906	15144	15334	15576
阿根廷 Argentina		953	1513		1157	1174
巴西 Brazil		8323		8910	8944	9076
委内瑞拉 Venezuela		1040	1201			
法国 France	2312	2498	2573	2658	2688	2712
德国 Germany	3632	3636	3799	4127	4166	4191
意大利 Italy	2093	2241	2253	2276	2302	2321
荷兰 Netherlands	786	783	829	843	860	880
波兰 Poland	1452	1412	1547	1620	1642	1648
俄罗斯 Russia	6507	6834	6993	7239	7232	7253
西班牙 Spain	1544	1921	1872	1834	1882	1933
土耳其 Turkey	2158	2007	2259	2722	2820	2873
乌克兰 Ukraine			2027	1628	1616	1636
英国 United Kingdom	2726	2874	2912	3165	3197	3235
澳大利亚 Australia	890	988	1102	1197	1225	1258
新西兰 New Zealand	180	208	216	247	257	264

注：数据来源于联合国ILO数据库。

Note: The data come from *ILO Database*.

10-6 主要沿海国家（地区）鱼类产量（2017年）
Fish Yields of Major Coastal Countries (Areas) (2017)

单位：万吨 (10000 t)

国家或地区 Country or Area	鱼类产量 Output of Total Fishes	海域鱼类产量 Ocean Area
中国 China	3780.6	1078.0
印度 India	1007.6	312.5
印度尼西亚 Indonesia	1093.7	705.5
缅甸 Myanmar	310.3	123.1
俄罗斯 Russia	480.9	437.6
美国 United States	437.2	416.9
越南 Viet Nam	533.6	267.7
日本 Japan	297.6	292.7
孟加拉国 Bangladesh	387.3	70.4
菲律宾 Philippines	240.8	198.9
泰国 Thailand	161.2	106.4
马来西亚 Malaysia	141.1	130.4
巴西 Brazil	115.0	41.7
墨西哥 Mexico	133.9	110.4
埃及 Egypt	179.1	9.0
韩国 Korea, Rep.	113.0	110.1
西班牙 Spain	95.8	93.6
尼日利亚 Nigeria	114.7	43.0
南非 South Africa	52.3	52.0
英国 United Kingdom	78.6	77.5
柬埔寨 Cambodia	81.2	9.0
土耳其 Turkey	57.2	43.9
阿根廷 Argentina	45.4	42.9
加拿大 Canada	58.0	54.0
斯里兰卡 Sri Lanka	48.8	38.3
新西兰 New Zealand	41.5	41.3
法国 France	45.1	41.4
荷兰 Netherlands	48.2	47.6

注：数据来源于联合国FAO数据库。

Note: The data come from *FAO Database*.

10-7 国家保护区面积和鱼类濒危物种（2018年）
Area of National Nature Reserves and Endangered Species of Fish (2018)

国家或地区 Country or Area	国家保护区 National Protected		鱼类濒危物种（种）Endangered Species of Fish (number)
	陆地保护区面积占陆地面积比重 Terrestrial Protected Areas (% of Total Land Area)	海洋保护区面积占领海面积比重 Marine Protected Areas (% of Territorial Waters)	
中国 China	15.5	5.4	136
中国香港 Hong Kong, China	41.9		15
孟加拉国 Bangladesh	4.6	5.4	29
文莱 Brunei Darsm	46.9	0.2	14
柬埔寨 Cambodia	26.0	0.2	48
印度 India	6.0	0.2	227
印度尼西亚 Indonesia	12.2	3.1	166
伊朗 Iran	8.6	0.8	47
日本 Japan	29.4	8.2	77
韩国 Korea, Rep.	11.7	1.6	28
马来西亚 Malaysia	19.1	1.6	87
菲律宾 Philippines	15.3	1.2	91
新加坡 Singapore	5.6		29
斯里兰卡 Sri Lanka	29.9	0.1	57
泰国 Thailand	18.8	1.9	106
越南 Viet Nam	7.6	0.6	83
埃及 Egypt	13.1	5.0	58

注：数据来源于世界银行WDI数据库。

Note: The data come from *World Bank WDI Database.*

10-7 续表 continued

国家或地区 Country or Area	国家保护区 National Protected		鱼类濒危物种（种） Endangered Species of Fish (number)
	陆地保护区面积占陆地面积比重 Terrestrial Protected Areas (% of Total Land Area)	海洋保护区面积占领海面积比重 Marine Protected Areas (% of Territorial Waters)	
尼日利亚 Nigeria	13.9		74
南非 South Africa	8.0	12.1	121
加拿大 Canada	9.7	0.9	44
墨西哥 Mexico	14.5	21.8	181
美国 United States	13.0	41.1	251
阿根廷 Argentina	8.8	3.8	42
巴西 Brazil	29.4	26.6	93
委内瑞拉 Venezuela	54.1	3.5	45
法国 France	25.8	45.1	53
德国 Germany	37.8	45.4	24
意大利 Italy	21.5	8.8	52
荷兰 Netherlands	11.2	26.7	15
波兰 Poland	39.7	22.6	8
俄罗斯 Russia	9.7	3.0	39
西班牙 Spain	28.1	8.4	83
土耳其 Turkey	0.2	0.1	131
乌克兰 Ukraine	4.0	3.4	24
英国 United Kingdom	28.7	28.9	48
澳大利亚 Australia	19.3	40.6	125
新西兰 New Zealand	32.6	30.4	38

10-8 主要沿海国家（地区）风力发电量
Wind-Power Capacities of Major Coastal Countries (Areas)

单位：百万千瓦·时 (million kW-h)

国家或地区 Country or Area	2009	2010	2011	2013	2014	2015	2016
中国 China	46096	44622	70331	141197	156078	185766	237071
伊朗 Iran	224			376	358	221	250
以色列 Israel	9	8		6	6	7	
日本 Japan	2949	3962	7	5201	5038	5160	5951
韩国 Korea, Rep.	685	817	863	1149	1146	1201	1683
马来西亚 Malaysia							
巴基斯坦 Pakistan					397	1549	2668
菲律宾 Philippines	64	62	88	66	152	748	975
新加坡 Singapore							
斯里兰卡 Sri Lanka	3	53	92	236	273	344	345
泰国 Thailand		3	3	305	305	329	345
越南 Viet Nam			87	90	300	261	221
埃及 Egypt	1133	1498	1525	1332	1315	1345	2058
尼日利亚 Nigeria							
南非 South Africa	32	32	103	37	1070	2270	3700
加拿大 Canada	4573	9557	10187	11594	22538	26446	30766
墨西哥 Mexico	596	1239	1648	4185	6426	8745	10378
美国 United States	74226	95148	120854	169713	183892	192992	229471
阿根廷 Argentina	36	25	26	461	730	599	548
巴西 Brazil			2705	6579	12211	21626	33488
委内瑞拉 Venezuela							
法国 France	7891	9969	12052	16033	17249	21249	21400
德国 Germany	38639	37793	48883	51708	57357	79206	78598
意大利 Italy	6543	9126	9856	14897	15178	14844	17689
荷兰 Netherlands	4581	3993	5100	5627	5797	7550	8170
波兰 Poland	1077	1664	3205	6004	7676	10858	12588
俄罗斯 Russia	4	4	5	5	96	148	148
西班牙 Spain	37773	44165	42918	53903	52013	49325	48906
土耳其 Turkey	1495	2916	4723	7557	8520	11652	15517
乌克兰 Ukraine	43	50	89	639	1130	1084	954
英国 United Kingdom	9304	10183	15509	28434	32015	40310	37367
澳大利亚 Australia	3806	4798	5807	7328	10252	11467	12199
新西兰 New Zealand	1471	1634	1952	2020	2214	2356	2303

注：数据来源于联合国ESD数据库。

Note: The data come from *UN ESD Database*.

10-9 主要沿海国家（地区）捕捞产量
Fishing Yields in the Major Coastal Countries (Areas)

单位：吨 (t)

国家或地区 Country or Area	2016	2017
世界总计 World Total	**89417868**	**92508321**
中国 China	15787555	15373196
秘鲁 Peru	3796978	4157414
印度尼西亚 Indonesia	6542258	6688739
美国 United States	4903483	5036112
印度 India	5061756 ①	5427678 ①
俄罗斯 Russia	4759476	4869316
日本 Japan	3193105	3204342
缅甸 Myanmar	2072390 ①	2150400 ①
智利 Chile	1497230	1918958
越南 Viet Nam	3127606	3277574
菲律宾 Philippines	2024828	1887058
挪威 Norway	2033818	2368438
泰国 Thailand	1530546	1479367
韩国 Korea, Rep.	1364932	1357795
孟加拉国 Bangladesh	1674770	1801084
墨西哥 Mexico	1510754	1628669
马来西亚 Malaysia	1580291	1470269
冰岛 Iceland	1067191	1163303
西班牙 Spain	909458	953793

注：捕捞品种包括鱼类、甲壳类、软体类等水生动物；①为联合国粮农组织估算值；
数据来源于《渔业和水产养殖统计年鉴2017》，联合国粮农组织。

Note: The fished species include fish, crustacea, mollusc and other aquatic animals.
① It is estimated by FAO from available sources of information or calculation.
The data come from *Fishery and Aquaculture Statistical Yearbook,* FAO, 2017.

10-9 续表 continued

国家或地区 Country or Area	2016	2017
摩洛哥 Morocco	1447020 ①	1377454
中国台湾 Taiwan, China	750110	748010
加拿大 Canada	866726	834838
巴西 Brazil	704186 ①	704123 ①
阿根廷 Argentina	755226	835061
南非 South Africa	612190	523568
尼日利亚 Nigeria	734731	916284
英国 United Kingdom	703041	725909
柬埔寨 Cambodia	629950	649518
伊朗 Iran	691828	790171
丹麦 Denmark	670328	904572
斯里兰卡 Sri Lanka	519772	504471
新西兰 New Zealand	423123	428931
土耳其 Turkey	335326	354320
法国 France	501198	495638
埃及 Egypt	336615	370959
荷兰 Netherlands	370274	500986
委内瑞拉 Venezuela	284260	277575 ①
德国 Germany	271185	248237

10-10 主要沿海国家（地区）水产养殖产量
Aquaculture Production in the Major Coastal Countries (Areas)

单位：吨 (t)

国家或地区 Country or Area	2016	2017
世界总计 World Total	**76425739**	**80133588**
中国 China	45815988	46823949
印度 India	5700000	6180000
越南 Viet Nam	3570402	3820960
印度尼西亚 Indonesia	4900612	6150000
孟加拉国 Bangladesh	2203554	2333352
挪威 Norway	1326157	1308485
泰国 Thailand	881181	889891
智利 Chile	1035254	1202948
埃及 Egypt	1370660	1451841
缅甸 Myanmar	1017614	1048692
菲律宾 Philippines	796393	822466
巴西 Brazil	590000	595000
日本 Japan	676766	615060
韩国 Korea, Rep.	507962	545056
美国 United States	444679	439670
中国台湾 Taiwan, China	255183	282186
伊朗 Iran	398129	412887
马来西亚 Malaysia	201898	224550
西班牙 Spain	283828	311023
尼日利亚 Nigeria	306767	296191
土耳其 Turkey	250331	273477
法国 France	166000	166000
英国 United Kingdom	194492	222434
加拿大 Canada	200765	191616
俄罗斯 Russia	172792	185027
墨西哥 Mexico	221304	243283

注：养殖品种包括鱼类、甲壳类、软体类等水生动物；
数据来源于《渔业和水产养殖统计年鉴2017》，联合国粮农组织。

Note: The cultivated varieties include fish, crustacea, mollusc and other aquatic animals.
The data come from *Fishery and Aquaculture Statistical Yearbook,* FAO, 2017.

10-11 主要沿海国家（地区）石油主要指标（2018年）
Main Oil Indicators of Major Coastal Countries (Areas) (2018)

国家或地区 Country or Area	原油探明储量（亿桶） Crude Oil Proved Reserves (100 million Barrels)	石油存量（万桶）① Total Petroleum Stocks (10000 Barrels)
中国 China	260	
孟加拉国 Bangladesh		
文莱 Brunei Darsm		
印度 India	45	
印度尼西亚 Indonesia	33	
伊朗 Iran	1570	
以色列 Israel		
日本 Japan		57600
韩国 Korea, Rep.		18400
马来西亚 Malaysia	36	
缅甸 Myanmar		
巴基斯坦 Pakistan		
菲律宾 Philippines		
泰国 Thailand		
越南 Viet Nam	44	
埃及 Egypt	36	
尼日利亚 Nigeria	370	
南非 South Africa		
加拿大 Canada	1710	19300
墨西哥 Mexico	72	5300
美国 United States	420	185600
阿根廷 Argentina		
巴西 Brazil	130	
委内瑞拉 Venezuela	3020	
法国 France		16800
德国 Germany		28900
意大利 Italy		11900
荷兰 Netherlands		12300
波兰 Poland		6000
俄罗斯 Russia	800	
西班牙 Spain		12100
土耳其 Turkey		6200
乌克兰 Ukraine		
英国 United Kingdom	25	7900
澳大利亚 Australia		3600
新西兰 New Zealand		830

注：①2014年数据；
数据来源于美国能源署。

Note: ①Data refer to 2014.
The data come from U. S. Energy Information Administration.

10-12 万美元国内生产总值能耗（2011年不变价，PPP）
Energy Use per Ten Thousand USD of GDP (Constant 2011 PPP)

单位：吨标准油/万美元

国家或地区 Country or Area	2011	2012	2013	2014	2015
世界 World	**1.34**	**1.32**	**1.30**	**1.27**	
中国 China	1.94	1.89	1.85	1.75	
中国香港 Hong Kong, China	0.42	0.40	0.38	0.37	
孟加拉国 Bangladesh	0.80	0.79	0.76	0.75	
文莱 Brunei Darsm	1.32	1.31	0.95	1.13	
柬埔寨 Cambodia	1.43	1.39	1.34	1.33	
印度 India	1.23	1.22	1.20	1.18	
印度尼西亚 Indonesia	0.95	0.92	0.89	0.88	
伊朗 Iran	1.57	1.74	1.74	1.79	
以色列 Israel	0.97	0.99	0.92	0.87	0.87
日本 Japan	1.05	1.01	0.96	0.93	0.91
韩国 Korea, Rep.	1.67	1.65	1.61	1.58	1.58
马来西亚 Malaysia	1.24	1.20	1.27	1.23	
巴基斯坦 Pakistan	1.13	1.10	1.09	1.06	
菲律宾 Philippines	0.74	0.74	0.72	0.72	
新加坡 Singapore	0.68	0.65	0.62	0.63	
斯里兰卡 Sri Lanka	0.56	0.55	0.48	0.48	
泰国 Thailand	1.29	1.29	1.35	1.33	
越南 Viet Nam	1.42	1.37	1.30		
埃及 Egypt	0.90	0.91	0.85	0.82	
尼日利亚 Nigeria	1.48	1.50	1.42	1.35	
南非 South Africa	2.25	2.17	2.11	2.18	
加拿大 Canada	1.80	1.73	1.83	1.83	1.76
墨西哥 Mexico	0.97	0.96	0.96	0.91	0.88
美国 United States	1.41	1.35	1.35	1.34	1.28
巴西 Brazil	0.91	0.93	0.94	0.97	
委内瑞拉 Venezuela	1.34	1.38	1.28		
法国 France	1.03	1.03	1.03	0.98	0.98
德国 Germany	0.90	0.90	0.92	0.87	0.87
意大利 Italy	0.78	0.78	0.75	0.71	0.72
荷兰 Netherlands	1.00	1.03	1.02	0.95	0.91
波兰 Poland	1.18	1.12	1.09	1.02	0.98
俄罗斯 Russia	2.24	2.22	1.99	1.92	
西班牙 Spain	0.83	0.85	0.82	0.79	0.80
土耳其 Turkey	0.86	0.87	0.71	0.70	0.71
乌克兰 Ukraine	3.34	3.23	3.06	2.98	
英国 United Kingdom	0.81	0.82	0.80	0.73	0.71
澳大利亚 Australia	1.35	1.31	1.27	1.22	1.25
新西兰 New Zealand	1.29	1.33	1.29	1.32	1.26

注：数据来源于世界银行WDI数据库。

Note: The data come from *World Bank WDI Database.*

10-13 主要沿海国家（地区）国际海运装货量和卸货量
International Maritime Freight Loaded and Unloaded in the Major Coastal Countries (Areas)

单位：万吨 (10000 t)

国家或地区 Country or Area	国际海运装货量 International Ocean Shipping Loading Capacity			国际海运卸货量 International Ocean Shipping Unloading Capacity		
	2000	2010	2018	2000	2010	2018
中国香港 Hong Kong, China	6770	11346	9904	10693	15428	15952
孟加拉国 Bangladesh	89	466	713	1408	3860	9126
文莱 Brunei Darsm	10			102		
印度尼西亚 Indonesia	14153	50118		4504	11254	
伊朗 Iran	3065	5942	8010	4486	7804	5657
以色列 Israel	1387	1927	2054 ①	2920	2414	3738 ①
日本 Japan	13010			80654		
韩国 Korea, Rep.	15078			41882		
马来西亚 Malaysia	5483	11240		6922	13682	
巴基斯坦 Pakistan	617	1950		3080	4870	
新加坡 Singapore	32618					
斯里兰卡 Sri Lanka	919					
南非 South Africa	2598					
美国 United States	34334			83352		
阿根廷 Argentina	1550				2374	
法国 France	6810	10421	11116 ①	20273	20746	20764 ①
德国 Germany	8602	10230	11566 ①	14725	17070	17525 ①
荷兰 Netherlands	9940			32507		
波兰 Poland	3152	3017	2988	1582	2838	5893
俄罗斯 Russia	828	20152		84	2353	
西班牙 Spain	5627			19343		
乌克兰 Ukraine	4271	8371		684	1744	
澳大利亚 Australia	48750	88736	150077	5418	8896	10436
新西兰 New Zealand	2214	3040	4253	1379	1798	2458

注：①2017年数据；
数据来源于联合国统计月报数据库。

Note: ①Data refer to 2017.
The data come from *UN Monthly Bulletin of Statistics Database.*

10-14 世界主要外贸货物海运量及构成（2018年）
World Major Maritime Freight Traffic in Foreign Trade (2018)

品 种 Sort	海运量（百万吨） Freight Traffic (million tons)	
	2018	所占比例（%） Percentage
合 计 **Total**	**11892**	**100.0**
原 油 Crude Oil	2038	17.1
成品油 Refined Oil	1079	9.1
燃 气 Fuel gas	418	3.5
铁矿石 Ironstone	1470	12.4
煤 炭 Coal	1240	10.4
谷 物 Corn	486	4.1
其他货物 Others	5161	43.4

注：本表为估计数；

数据来源于《航运统计与市场评论》，2019年1月/2月，航运经济与物流研究所。

Note: This table is estimated data.

The data come from *Shipping Statistics and Market Review* , January/Feburary 2019, ISL.

10-15 主要沿海国家（地区）国际旅游人数
Number of International Tourists of Major Coastal Countries (Regions)

单位：万人　　　　(10000 persons)

国家或地区 Country or Area	入境（过夜）旅游人数 Number of Inbound Tourists (Overnight)			出境旅游人数 Number of Outbound Tourists		
	2000	2010	2017	2000	2010	2017
世界总计 World Total	**67739**	**95637**	**134146**	**82962**	**114006**	**156693**
中国 China	3123	5566	6074	1047	5739	14304
中国香港 Hong Kong, China	881	2009	2788	5890	8444	9130
中国澳门 Macao, China	520	1193	1726	14	75	139
孟加拉国 Bangladesh	20	30		113	191	
文莱 Brunei Darsm	98	21	26			
柬埔寨 Cambodia	47	251	560	4	51	175
印度 India	265	578	1554	442	1299	2394
印度尼西亚 Indonesia	506	700	1404	221	624	886
伊朗 Iran	134	294	487	229		1054
以色列 Israel	242	280	361	353	427	760
日本 Japan	476	861	2869	1782	1664	1789
韩国 Korea, Rep.	532	880	1334	551	1249	2650
马来西亚 Malaysia	1022	2458	2595	3053		
缅甸 Myanmar	42	79	344			
巴基斯坦 Pakistan	56	91				
菲律宾 Philippines	199	352	662	167		
新加坡 Singapore	606	916	1390	444	734	989
斯里兰卡 Sri Lanka	40	65	212	52	112	144

注：数据来源于世界银行WDI数据库。

Note: The data come from *WDI database of World Bank.*

10-15 续表 continued

国家或地区 Country or Area	入境（过夜）旅游人数 Number of Inbound Tourists (Overnight)			出境旅游人数 Number of Outbound Tourists		
	2000	2010	2017	2000	2010	2017
泰国 Thailand	958	1594	3559	191	545	896
越南 Viet Nam	214	505	1292			
埃及 Egypt	512	1405	816	296	462	
尼日利亚 Nigeria	81	156				
南非 South Africa	587	807	1029	383	517	
加拿大 Canada	1963	1622	2080	1918	2868	3306
墨西哥 Mexico	2064	2329	3929	1108	1433	1907
美国 United States	5124	6001	7694	6133	6106	8770
阿根廷 Argentina	291	533	672	495	531	1226
巴西 Brazil	531	516	659	323	646	946
委内瑞拉 Venezuela	47	53	43	95	148	108
法国 France	7719	7665	8686	1989	2504	2906
德国 Germany	1898	2688	3745	8051	8587	9240
意大利 Italy	4118	4363	5825	2008	2819	3181
荷兰 Netherlands	1000	1088	1792	1390	1837	
波兰 Poland	1740	1247	1826	5668	4276	4670
俄罗斯 Russia	2117	2228	2439	1837	3932	3963
西班牙 Spain	4640	5268	8179	410	1238	1703
土耳其 Turkey	959	3136	3760	528	656	889
乌克兰 Ukraine	643	2120	1423	1342	1718	2644
英国 United Kingdom	2321	2830	3765	5684	5556	7419
澳大利亚 Australia	493	579	882	350	710	1093
新西兰 New Zealand	178	244	356	128	203	285

10-16 主要沿海国家（地区）国际旅游收入
International Tourism Receipts of Major Coastal Countries (Regions)

单位：亿美元 (10000 million USD)

国家或地区 Country or Area	国际旅游收入 International Tourism Receipts							
	2010	2011	2012	2013	2014	2015	2016	2017
世界总计 World Total	**10987**	**12495**	**12972**	**13811**	**14340**	**14370**	**13925**	**15257**
中国 China	458	533	549	564	569	1141	444	326
中国香港 Hong Kong, China	272	337	380	426	460	426	380	380
中国澳门 Macao, China	227	390	445	523	516	320	306	357
孟加拉国 Bangladesh	1	1	1	1	2	2	2	3
柬埔寨 Cambodia	17	18	20	29	32	34	35	40
印度 India	145	177	183	190	208	215	231	279
印度尼西亚 Indonesia	76	90	95	103	116	121	126	141
伊朗 Iran	26	26						
以色列 Israel	56	60	62	65	64	61	64	76
日本 Japan	154	125	162	169	208	273	334	370
韩国 Korea, Rep.	144	175	197	193	230	191	211	170
马来西亚 Malaysia	182	196	203	210	226	176	181	184
缅甸 Myanmar	1	3		9	16	23	23	23
巴基斯坦 Pakistan	10	11	10	9	10	9	9	9
菲律宾 Philippines	34	40	49	56	61	64	63	84
新加坡 Singapore	142	181	193	191	192	167	184	197
斯里兰卡 Sri Lanka	10	14	18	25	33	40	46	51

注：数据来源于世界银行WDI数据库。

Note: The data come from *World Bank WDI Database.*

10-16 续表 continued

国家或地区 Country or Area	国际旅游收入 International Tourism Receipts							
	2010	2011	2012	2013	2014	2015	2016	2017
泰国 Thailand	238	309	377	460	421	485	525	622
越南 Viet Nam	45	57	68	75	73	74	83	89
埃及 Egypt	136	93	108	73	80	69	33	86
尼日利亚 Nigeria	7	7	6		6	5	11	26
南非 South Africa	103	107	112	105	105	91	88	97
加拿大 Canada	184	200	207	177	175	162	183	204
墨西哥 Mexico	126	125	133	143	166	187	206	225
美国 United States	1680	1845	2001	2148	2208	2462	2447	2514
阿根廷 Argentina	56	61	57	50	52	50	52	55
巴西 Brazil	55	68	69	70	74	63	66	62
委内瑞拉 Venezuela	9	8	9			7	6	
法国 France	562	660	635	661	668	540	509	699
德国 Germany	491	534	516	552	559	474	521	562
意大利 Italy	384	454	430	462	456	394	404	446
荷兰 Netherlands	117	210	205	227	147	193	183	204
波兰 Poland	100	116	118	125	123	114	121	141
俄罗斯 Russia	132	170	179	202	195	133	128	150
西班牙 Spain	543	677	632	676	651	564	606	684
土耳其 Turkey	263	301	323	349	374	354	267	319
乌克兰 Ukraine	47	54	60	60	23	17	17	20
英国 United Kingdom	405	459	460	494	628	607	556	515
澳大利亚 Australia	311	342	341	334	341	313	345	440
新西兰 New Zealand	65	55	55	75	84	91	94	106

10-17 集装箱吞吐量居世界前20位的港口（2018年）
World Top 20 Seaports in Terms of the Number of Containers Handled (2018)

单位：万标准箱 (10000 TEU)

港　口 Seaport	所属国家或地区 Country or Region	吞吐量 Containers Handled
上海 Shanghai	中国 China	4201
新加坡 Singapore	新加坡 Singapore	3660
宁波舟山 Ningbo Zhoushan	中国 China	2635
深圳 Shenzhen	中国 China	2574
广州 Guangzhou	中国 China	2162
釜山 Pusan	韩国 Korea, Rep.	2159
香港 Hong Kong	中国 China	1959
青岛 Qingdao	中国 China	1932
天津 Tianjin	中国 China	1601
迪拜 Dubayy	阿联酋 United Arab Em	1495
鹿特丹 Rotterdam	荷兰 Netherlands	1451
巴生 Kelang	马来西亚 Malaysia	1232
安特卫普 Antwerp	比利时 Belgium	1110
厦门 Xiamen	中国 China	1070
高雄 Gaoxiong	中国台湾 Taiwan, China	1045
大连 Dalian	中国 China	977
洛杉矶 Los Angeles	美国 United States	946
丹戎帕拉帕斯 Tanjung Periuk	马来西亚 Malaysia	896
汉堡 Hamburg	德国 Germany	877
长滩 Long Beach	美国 United States	809

注：数据来源于上海航运交易所。

Note: The data come from Shanghai Shipping Exchange.

10-18 港口货物吞吐量居世界前20位的港口（2018年）
World Top 20 Seaports in Terms of the Cargo Handled (2018)

单位：百万吨 (million t)

港 口 Seaport	所属国家或地区 Country or Region	吞吐量 Cargo Handled
宁波舟山 Ningbo Zhoushan	中国 China	1084.4
上海 Shanghai	中国 China	730.5
唐山 Tangshan	中国 China	637.1
新加坡 Singapore	新加坡 Singapore	630.2
广州 Guangzhou	中国 China	594.0
青岛 Qingdao	中国 China	542.5
苏州 Suzhou	中国 China	532.3
黑德兰港 Headland Harbour	澳大利亚 Australia	517.8
天津 Tianjin	中国 China	507.7
鹿特丹 Rotterdam	荷兰 Netherlands	469.0
大连 Dalian	中国 China	467.8
釜山 Pusan	韩国 Korea, Rep.	460.1
烟台 Yantai	中国 China	443.1
日照 Rizhao	中国 China	437.6
营口 Yingkou	中国 China	370.0
光阳 Gwangyang	韩国 Korea, Rep.	301.9
湛江 Zhanjiang	中国 China	301.9
黄骅 Huanghua	中国 China	287.7
南路易斯安娜 Southern Louisiana	美国 United States	275.1
南通 Nantong	中国 China	267.0

注：数据为内外贸货物；
数据来源于上海航运交易所。

Note: The data refer to the domestic and foreign trade cargo.
The data come from Shanghai Shipping Exchange.

10-19 海上商船拥有量居世界前20位的国家或地区（2018年）
World Top 20 Countries or Regions in Terms of the Number of Maritime Merchant Ships Owned (2018)

国家或地区 Country or Area	艘数 （艘） Number of Vessels (unit)	总吨 Gross Ton （万吨） (10000 tons)	载重吨 Deadweight Ton	
			万吨 10000 tons	占世界% Percentage in the World
世界总计 World Total	**53732**	**1261907**	**1881589**	**100.0**
巴拿马 Panama	6398	211917	323031	17.2
马绍尔群岛 Marshall Islands	3255	146245	237316	12.6
利比里亚 Liberia	3332	149541	236874	12.6
中国香港 Hong Kong, China	2544	124263	197725	10.5
新加坡 Singapore	2326	84497	126533	6.7
马耳他 Malta	1998	73890	109635	5.8
中国 China	3414	55194	86121	4.6
希腊 Greece	913	39573	69099	3.7
巴哈马 Bahamas	1146	54383	65727	3.5
英国 United Kingdom	735	30755	42844	2.3
日本 Japan	2552	27083	38385	2.0
塞浦路斯 Cyprus	839	21801	33774	1.8
丹麦 Denmark	504	20310	22436	1.2
印度尼西亚 Indonesia	3267	14689	20564	1.1
葡萄牙 Portugal	517	14667	19620	1.0
挪威 Norway	807	15099	18961	1.0
印度 India	883	9746	16571	0.9
沙特阿拉伯 Saudi Arabia	125	7334	13054	0.7
意大利 Italy	673	14541	12904	0.7
韩国 Korea, Rep.	1021	8763	12439	0.7

注：按船旗统计，统计范围为300总吨及以上船舶，统计截止日期为2019年1月1日；
数据来源于《航运统计与市场评论》，2019 1月/2月，航运经济与物流研究所。

Note: According to the flag of the ship, the statistical range covers 300 tons ships and above.
The closing date of statistics was 1 Jan., 2019.
The data come from *Shipping Statistics and Market Review* , January/Feburary 2019, ISL.

10-20 集装箱船拥有量居世界前20位的国家或地区（2018年）
World Top 20 Countries or Regions in Terms of the Number of Container Ships Owned (2018)

国家或地区 Country or Area	艘数 （艘） Number of Vessels (unit)	载重吨 Deadweight ton	
		万标准箱 10000 TEU	占世界% Percentage in the World
世界总计 World Total	**5255**	**2199.1**	**100.0**
利比里亚 Liberia	858	376.2	17.1
中国香港 Hong Kong, China	539	328.4	14.9
巴拿马 Panama	610	311.8	14.2
新加坡 Singapore	493	224.4	10.2
马耳他 Malta	267	151.4	6.9
丹麦 Denmark	155	148.6	6.8
马绍尔群岛 Marshall Islands	257	120.7	5.5
葡萄牙 Portugal	249	87.3	4.0
英国 United Kingdom	108	77.4	3.5
中国 China	256	70.3	3.2
德国 Germany	87	58.7	2.7
塞浦路斯 Cyprus	190	39.0	1.8
美国 United States	60	21.9	1.0
法国 France	25	21.7	1.0
安提瓜和巴布达 Antigua and Papua	152	17.7	0.8
印度尼西亚 Indonesia	216	16.4	0.7
中国台湾 Taiwan, China	46	15.9	0.7
日本 Japan	35	15.1	0.7
韩国 Korea, Rep.	86	10.4	0.5
巴哈马 Bahamas	49	9.7	0.4

注：按船旗统计，统计范围为300总吨及以上船舶，统计截止日期为2019年1月1日；
数据来源于《航运统计与市场评论》，2019 1月/2月，航运经济与物流研究所。

Note: According to the flag of the ship, the statistical range of 300 tons and above ships. The closing date of statistics was 1 Jan., 2019.
The data come from *Shipping Statistics and Market Review* , January/Feburary 2019, ISL.

10-21 海上油轮拥有量居世界前20位的国家或地区（2018年）
Top 20 Countries or Regions in the World by the Possession of Ocean Going Oil Tankers (2018)

国家或地区 Country or Area	艘数 （艘） Number of Vessels (unit)	总吨 Gross Ton （千吨） (1000 tons)	载重吨 Deadweight ton	
			千吨 1000 tons	占世界% Percentage in the World
世界总计 World Total	**15158**	**418129**	**680185**	**100.0**
马绍尔群岛 Marshall Islands	1325	64993	104582	15.4
利比里亚 Liberia	1063	51079	88978	13.1
巴拿马 Panama	1489	48611	80510	11.8
中国香港 Hong Kong, China	548	28453	49171	7.2
希腊 Greece	422	26772	47418	7.0
新加坡 Singapore	1032	26916	44170	6.5
马耳他 Malta	729	24868	41870	6.2
巴哈马 Bahamas	402	28251	41246	6.1
英国 United Kingdom	258	9552	14717	2.2
中国 China	815	8807	14577	2.1
日本 Japan	824	8875	13076	1.9
沙特阿拉伯 Saudi Arabia	89	6679	12430	1.8
挪威 Norway	223	7905	11972	1.8
印度 India	156	5773	10079	1.5
印度尼西亚 Indonesia	739	5793	8989	1.3
比利时 Belgium	54	4340	7116	1.0
百慕大 Bermuda	94	7095	6822	1.0
意大利 Italy	218	3504	5743	0.8
马来西亚 Malaysia	198	4590	5446	0.8
丹麦 Denmark	173	3395	5180	0.8

注：按船旗统计，统计截止日期为2019年1月1日；
数据来源于按所有权模式计算的油轮船只总数，《航运统计与市场评论》2019年1月/2月，航运经济与物流研究所。

Note: According to the flag of the ship, the closing date of statistics was 1 Jan., 2019.
The data come from the total tanker fleet by ownership patterns, SSMR, January/February 2019, ISL.

10-22 海上散货船拥有量居世界前20位的国家或地区（2018年）
Top 20 Countries or Regions in the World by the Possession of Ocean Bulk Carriers (2018)

国家或地区 Country or Area	艘数 （艘） Number of Vessels (unit)	总吨 （千吨） (1000 tons)	载重吨 Deadweight ton	
			千吨 1000 tons	占世界% Percentage in the World
世界总计 World Total	**11562**	**447144**	**813197**	**100.0**
巴拿马 Panama	2387	100358	182764	22.5
马绍尔群岛 Marshall Islands	1443	61771	112546	13.8
中国香港 Hong Kong, China	1078	56475	104266	12.8
利比里亚 Liberia	1116	52655	96831	11.9
中国 China	1228	32047	55210	6.8
新加坡 Singapore	550	27266	50308	6.2
马耳他 Malta	601	25063	45535	5.6
塞浦路斯 Cyprus	299	12443	22821	2.8
希腊 Greece	189	10991	20731	2.5
日本 Japan	442	10997	20389	2.5
英国 United Kingdom	126	8952	16981	2.1
巴哈马 Bahamas	261	9350	16505	2.0
韩国 Korea, Rep.	126	3563	6602	0.8
葡萄牙 Portugal	56	2886	5284	0.6
印度尼西亚 Indonesia	263	2940	4999	0.6
印度 India	98	2547	4600	0.6
意大利 Italy	44	2074	3852	0.5
挪威 Norway	67	2299	4025	0.5
中国台湾 Taiwan, China	38	1607	3023	0.4
比利时 Belgium	19	1511	2885	0.4

注：按船旗统计，统计截止日期为2019年1月1日；
数据来源于按所有权模式计算的油轮船只总数，《航运统计与市场评论》2019年1月/2月，航运经济与物流研究所。

Note: According to the flag of the ship, the closing date of statistics was 1 Jan., 2019.
The data come from the total tanker fleet by ownership patterns, SSMR, January/Feburary 2019, ISL.